2021年度甘肃省重点人才项目资助出版

YOUGANLAN
ZAIPEI JISHU

油橄榄
栽培技术

（全彩版）

邓煜　张正武　主编

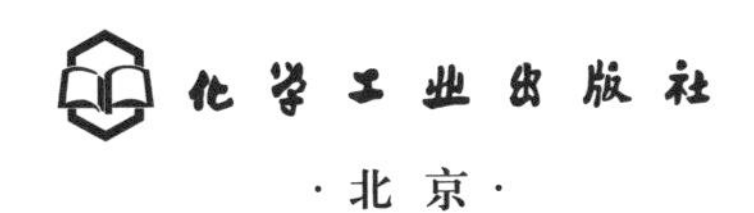

·北京·

内容简介

本书是对我国油橄榄主要种植区多年栽培技术的甄选和总结。全书共分九章，第一章详细描述了目前国家和省级10个代表性良种的生物学特性和生态学特性；第二章介绍了油橄榄的实用育苗技术，包括圃地选择、沙床育苗和温室轻基质育苗；第三章介绍了油橄榄的生态习性和栽植技术；第四章介绍了油橄榄的综合管理技术，包括土壤管理、施肥技术、排灌技术和水肥一体化设施及施肥灌溉技术；第五章介绍了油橄榄的整形修剪技术，包括修剪原则、常用修剪方法、常见树形和更新复壮；第六章介绍了油橄榄的嫁接技术，包括常用的10种嫁接方法以及接后管理；第七章介绍了果实采收技术，重点阐述了油橄榄鲜果成熟度指数测定、采收时期确定和采收方法；第八章介绍了病虫害防治技术，简述了13种常见病虫害的为害症状、发生规律、防治方法，最后还介绍了缺素症的症状和防治方法；第九章是资料性附录，列出了油橄榄育苗、栽培、低产园改造、果实采收以及橄榄园管理行业技术规程和周年管理作业历及常用农药的制备使用方法等。

本书内容全面，语言简练，图文并茂，实用性强，适合于选作油橄榄栽培技术培训教材和从事油橄榄种植的企业、油橄榄园管理者、油橄榄育苗户及相关专业技术人员参考阅读。

图书在版编目（CIP）数据

油橄榄栽培技术：全彩版/邓煜，张正武主编. —北京：化学工业出版社，2022.4

ISBN 978-7-122-40622-4

Ⅰ.①油… Ⅱ.①邓… ②张… Ⅲ.①油橄榄－栽培技术 Ⅳ.①S565.7

中国版本图书馆CIP数据核字（2022）第014379号

责任编辑：张林爽　　文字编辑：张春娥
责任校对：王佳伟　　装帧设计：韩　飞

出版发行：化学工业出版社（北京市东城区青年湖南街13号　邮政编码100011）
印　　装：天津图文方嘉印刷有限公司
710mm×1000mm　1/16　印张$11\frac{1}{4}$　字数191千字　2022年4月北京第1版第1次印刷

购书咨询：010-64518888　　售后服务：010-64518899
网　　址：http：//www.cip.com.cn
凡购买本书，如有缺损质量问题，本社销售中心负责调换。

定　　价：80.00元

本书编写人员

主　　编： 邓　煜　张正武

副 主 编： 王贵德　赵强宏

编写人员： 邓　煜　张正武　王贵德　赵强宏　海光辉　张海平　刘　婷　高文兰　梁　芳　路丽娟　王　茜　雍巧宁　王文亮　邓冠亭

前 言

PREFACE

油橄榄（*Olea europaea* L.）与油茶、油棕、椰子并称为世界四大木本食用油料树种。将其鲜果采用离心冷榨的纯物理工艺制成的初榨橄榄油，保存了天然营养成分，是食用油脂中最有益于人体健康的植物油之一，长期食用能增强消化系统功能、减少心血管疾病发生、促进骨骼发育，对人体健康具有重要作用。它不但是人类的主要食用油，而且其工业用途也非常广泛，是酿酒、饮料、医药、日用化工、纺织印染、电子仪表等行业的重要原料、添加剂或润滑剂，被誉为“液体黄金”。

1964年，油橄榄从阿尔巴尼亚引入中国。半个多世纪以来，我国的油橄榄产业得到了国家的高度重视和大力支持，通过科技创新，突破了适生区区划、品种引选、良种繁育、丰产栽培、装备制造、加工工艺和新产品开发等一系列技术瓶颈。在甘肃、四川、云南、湖北等省和重庆市一些成功范例的示范带动下，油橄榄种植现已发展到12个省、直辖市37个地级市67个县及县级市，而且发展的地区越来越多，栽培面积越来越大，鲜果产量不断增加。国产橄榄油产量逐年上升，促进了中国油橄榄产业的创新驱动发展。据不完全统计，目前全世界油橄榄种植面积约1100多万公顷，约10亿株，我国现已发展油橄榄种植面积约10.3万多公顷、约4650多万株，约占全世界油橄榄种植面积的0.94%，总株数占4.65%。全球年产橄榄油300万吨左右，我国每年进口橄榄油5万多吨，生产橄榄油7000多吨，正在成为新兴的橄榄油消费大国、橄榄油生产国及世界重要的橄榄油贸易国，大力发展油橄榄产业对于缓解我国粮油供需矛盾、维护国家高端食用油安全、优化膳食结构、保障人民健康、加快乡村振兴具有重要意义。

随着我国油橄榄产业的发展，一些技术问题凸显出来，主要是品种选育滞后、良种化率不高；大尺度区试区划滞后，难以做到适地、适树、适品种；丰产栽培技术试验示范滞后，科技支撑能力不足；综合管理措施推广应用滞后，产量低而不稳；全产业链科技创新滞后，产业整体效益有待提高。为了破解这些技术瓶颈，促进我国油橄榄产业高质量发展，在甘肃省重点人才项目的支持下，我们在挖掘老一辈油橄榄专家多年实践经验、吸纳借鉴国内外最新科技成果、总结国内油橄榄产区成功栽培技术、广泛收集最新技术规程、补充更新十多年培训资料的基础上，编写了这本《油橄榄栽培技术》，目的是把成熟先进的适用技术介绍给从事油橄榄种植的企业、油橄榄园管理者、油橄榄育苗户和相关专业技术人员，不断提高我国油橄榄栽培技术水平。

《油橄榄栽培技术》由邓煜研究员、张正武正高级工程师主编，陇南市经济林研究院油橄榄研究所全体科技人员参与了编写工作。在编写过程中参阅了国内外油橄榄专家近年来出版的相关油橄榄专著，以参考文献附于书后；同时还参考引用了邓明全研究员、宁德鲁研究员、王洪建研究员和安东尼奥先生等国内外油橄榄专家的培训课件和公开的网络图片；西班牙马德里理工大学玛丽亚（Maria）教授、中国林科院俞宁博士提供了相关资料，甘肃省林科院姜成英研究员提供了最新的相关技术规程，在这里，我们对国内外同行的无私帮助表示诚挚的谢意！在编写过程中也得到了甘肃省陇南市经济林研究院各级领导和同事们的大力支持，对此表示衷心感谢！

我们深知，对一个引进树种而言，50多年的引种栽培史和科研推广史仅仅是起步，解决的也仅仅是初步的生产技术问题，要实现油橄榄品种中国化和栽培技术中国化还有大量工作要做，还有很长的路要走。特别是不同品种、不同气候条件、不同环境胁迫下油橄榄的生长、发育、开花、结实习性还没有完全研究清楚，适应性选择育种和新种质创制工作才刚刚起步。我国南北气候、土壤类型多样，立地条件千差万别，把一个气候类型下塑造的物种引种种植在另一个气候类型条件下，栽培技术难度可想而知，因此，本书介绍的栽培技术适用性是有限的，希望广大同行根据当地实际和生产经验在应用中去伪存真，不断探索创新，共同实现油橄榄栽培技术的发展进步。

由于编者水平有限，不妥之处在所难免，敬请参阅者提出宝贵意见，我们有机会再版时吸纳修正。

邓　煜　张正武

2022年1月

目 录

CONTENTS

第一章　油橄榄优良品种

油橄榄是世界著名的木本食用油料树种，原生于地中海沿岸国家，在长期的生物进化、自然选择和人工选育作用下，极大地丰富了它的种质资源和遗传多样性。目前，世界上名称不同的油橄榄品种有2000多个，从形态学、分子生物学、遗传学的角度进行分类，有600多种，其中主要栽培品种320种，世界24个主要种植国的主栽品种有145个。我国自引种油橄榄以来，开展了长期的良种选育工作，特别是近年来中国林业科学研究院、甘肃、云南、四川的良种选育申报审（认）定工作取得了显著成效，共申报审（认）定良种16个，其中审（认）定国家级良种4个，甘肃、云南、四川省级良种12个。以这些品种在甘肃省陇南市的表现为例将10个代表性主栽良种分别介绍如下。

第一节　佛奥

佛奥（Frantoio）是世界著名的油用品种之一，现为中国国家审定良种，2012年由云南省林科院申报，良种号为：国S-ETS-OE-027-2012，现已推广到甘肃、云南、四川、重庆和湖北等油橄榄种植区。

佛奥为常绿乔木，树冠扁圆形，抽枝能力强，生长旺盛，成枝率高，枝条易下垂，对生或互生，小枝有条状花纹，皮孔密集、凸起，银褐色，无茸毛，四棱；叶片披针形，正面油绿色，背面银灰色，叶片扁平，叶长6cm，叶宽1.3cm，叶形指数4.6，对生，叶尖渐尖，叶基楔形，全缘，革质，叶柄长0.5cm，无棱；正反面均有5对明显凸起的互生叶脉；花序长而大，可达4.7cm，平均着花24朵，开花期5月中旬，花期7～10天，自花授粉结实率2.3%～13.9%，果实着生于叶腋，果柄四棱，长2.9cm，宽0.1cm，有

图1-1 佛奥（Frantoio）

小叶着生。果实成熟期10月下旬，长椭圆形，黑色，果汁多，果斑凸起，果实表面光滑，纵径2.3cm、横径1.6cm，果形指数1.44，果核卵形，有网状条纹，褐色，长1.8cm，果核径0.8cm，核形指数2.25；单果重3.5g，核重0.7g，果肉率80%，成熟果实含水率48.3%～51.03%，全果干基含油率37.48%～42.93%（图1-1）。

佛奥适应性强，适宜于年平均气温16℃左右的地区生长，是一个较好的油用品种，出油率高，油质佳。定植后3～5年开花结果，7～10年进入盛果期，但大小年非常明显，管理粗放时甚至有一个大年两个小年的情况，不耐寒，不耐旱，长期干旱时叶片卷曲失绿，果实皱缩。在云南、四川表现出结实率高，丰产稳产。适宜在土壤疏松、肥沃、排水良好的石灰质土壤上种植。对叶斑病、肿瘤病、果蝇等抗性低。以马拉纳罗（Morachiaio）或配多灵（Pendolino）作授粉树可提高结实率。

第二节　豆果

豆果（Arbequina）是一个早实、稳产、高产的油用品种，别名阿贝奎纳、阿贝基娜、“阿尔贝吉纳（Arbequín）”等。2018年由中国林科院等多家单位申报，认定为国家良种，良种号为：国R-ETS-OE-004-2018。豆果也是云南、四川省级良种，已推广到甘肃、云南、四川、重庆和湖北等油橄榄种植区。

豆果为常绿乔木。其树势中等，树形较小，树冠单锥形，抽枝能力较强，枝条疏密度中等，长势较旺，年新梢生长量83cm，枝条灰色，无茸毛，四棱；叶片宽披针形，正面深绿色，背面银绿色，叶长7.3cm，叶宽1.4cm，叶形指数5.2，叶对生，叶尖渐尖，叶基楔形，全缘，革质，叶柄长0.57cm，叶面凸起，叶缘向背面卷曲，中脉明显；结果早，开花量中等，自花授粉率高。果实成熟期较早，10月中下旬果熟，离核型，果面光滑，果实近球形，对称，果顶圆形，乳凸退化，果基平截。果实纵径1.58cm、横径1.43cm，果形指数

1.1；果核椭圆形，较对称，果核纵径1.21cm、横径0.73cm，核形指数1.66；单果重2.35g，果核重0.39g；果肉率83.4%（图1-2）。

图1-2　豆果（Arbequina）

豆果以高产稳产而著称，适应性强，抗性强，耐寒、抗盐碱，耐高空气湿度，能在1月平均气温2℃的地区生长。适度耐旱，对钙质非常高的土壤敏感。具有较高的生根能力，采用半木质化枝条扦插容易生根，但易落叶，扦插成活率66%。抗油橄榄叶斑病和油橄榄瘤，不抗橄榄果蝇和孔雀斑病，会被油橄榄果蝇和立枯病病原侵染。全果干基含油率48.04%，鲜果含油率26.46%，工业出油率17.8%，单品种油含油酸71.36%、多酚2.28～3.28mg/g、黄酮0.46～1.72mg/g；新鲜油具有良好的感官性，果味浓，苦味和辛辣味淡，属轻度口味橄榄油，非常适合东方人口味，但加工后保质期较短。

第三节　奇迹

奇迹（Koroneiki）是一个早实、稳产、高产、出油率高、油质好的油用品种，又名科罗莱卡、柯基、科拉喜等。2018年由中国林科院等多家单位以科罗莱卡品种名申报，认定为国家良种，良种号为：国R-ETS-OE-005-2018。奇迹也是甘肃、四川、云南省级良种，已推广到甘肃、云南、四川、重庆和湖北等油橄榄种植区。

奇迹为常绿乔木。其树势中等，树形矮小，树冠卵圆形，抽枝能力强，枝条密集，长势旺，年新梢生长量99cm，枝条细长，结果早；枝条红褐色，无茸毛，四棱；叶片窄披针形，正面深绿色，背面银绿色，叶长5.5cm，叶宽1.1cm，叶形指数5，叶柄长0.55mm，对生，叶尖渐尖，叶基楔形，全缘，革质，叶片扁平，薄而尖，中脉明显；开花早，聚伞花序，着生于叶腋，小花6～13朵，花量大，集中在主干和大枝上，花芳香；果实成熟晚，于11月中旬转色，12月中旬果熟，成熟后附着力强，不易脱落，采收期长，果面光滑，果形椭圆形，有乳凸，果小而密，单果重1.12g，果实纵径1.77cm、横径1.2cm，果形指数1.5；果核纺锤形，较对称，果核重0.25g，果核纵径1.18cm、横径

0.55cm，核形指数2.2；果肉率77.7%，成熟果实含水率55.96%～62.27%，全果干基含油率45.07%～47.52%，鲜果含油率25.04%～25.39%，工业出油率18.3%，单品种油含油酸56.7%～72.5%、多酚4.54～7.99mg/g、黄酮0.95～2.65mg/g；新鲜油具有良好的感官性，油质评价高，青果油色泽非常绿，果味非常浓，苦味和辛辣味适中，口感均衡，非常适合东方人口味，油酸含量高，油稳定性强（图1-3）。

图1-3 奇迹（Koroneiki）

奇迹结果早，产量高，大小年不明显，果实成熟期特晚，耐瘠薄，抗盐碱，耐旱，耐水分胁迫，抗风，干旱时不能忍受低温，要求气候温和。扦插不易生根，成活率较低。抗油橄榄叶斑病，较抗立枯病，适宜于山地建园、地埂栽植和栽植行道树。

第四节　皮瓜尔

皮瓜尔（Picual）是著名的油用品种。2017年由陇南市油橄榄研究所申报，甘肃省林木良种审定委员会认定为甘肃省林木良种，良种号为：甘R-ETS-Pl-022-2017，2020年由云南省林业和草原科学院申报，审定为国家良种，良种号为：国S-ETS-OE-006-2020。皮瓜尔已推广到甘肃、云南、四川、重庆和湖北等油橄榄种植区。

皮瓜尔为常绿乔木。其树势旺盛，树冠单锥形，枝条四棱，灰绿色，无茸毛，抽枝能力强，枝条密，生长旺，柔软而下垂，年新梢生长量59cm；叶片窄披针形，正面深绿色，背面银灰色，叶长5.76cm，叶宽1.1cm，叶形指数5.2，叶柄长0.56cm，无棱，叶对生，叶尖渐尖，叶基楔形，全缘，革质，中脉明显，叶向背凹，叶间距短，密集；早实，花期中，花絮短，花量中，开花中到晚，可自花授粉，花粉萌发力中，坐果率较高，可成对坐果于果柄；果实着生于2年生枝条中部叶腋，果柄四棱，长2.2cm，宽0.1cm，成熟期较晚，一般在11月中下旬成熟，成熟时果肉葡萄紫色，果形卵圆形，果顶微具乳凸，果基平截，果斑明显，大而凹陷，果汁较少，果实纵径2.63cm、横径

2.19cm，果形指数1.2；果核椭圆形，稍长，顶尖基部圆形，表面粗糙，核纹数量中，果核纵径1.43cm、横径0.8cm，核形指数1.79；单果重5.65g，果核重0.61g，果肉率89.2%，鲜果含油率20.63%～23.81%，全果干基含油率42.78%～43.20%，单品种油含油酸64.03%～75.35%、多酚2.64～6.93mg/g、黄酮0.59～1.75mg/g；新鲜油具有良好的感官性，油质评价高，青果油色泽绿，果味浓，苦味重，辛辣味强烈，属重度口味橄榄油，油质佳，以其非常稳定且油酸含量非常高而出名（图1-4）。

图1-4 皮瓜尔（Picual）

皮瓜尔是适应性最强的品种之一，抗性强，特别耐寒，能耐−10℃低温，可适应不同的气候和土壤条件，耐盐碱、耐涝不耐旱；对栽培条件要求不严，在1月份平均气温8.1℃、年降水量600～800mm的地方生长最好，适宜在长日照、夏季降雨偏少、土壤通气性好、有灌溉条件的地区栽培，可按400株/hm^2的高密度种植，也适合农户小果园种植，可进行间作；夏季高温、高湿可造成落叶；萌蘖性强，耐修剪，重剪后枝条抽枝力强，不论在3年生或4年生的枝条上都能长出新枝条；以其产量高而稳定、含油率高和易生根闻名；抗油橄榄瘤和油橄榄炭疽病，对油橄榄叶斑病、孔雀斑病、根腐病和立枯病敏感，也易被油橄榄果蝇为害。不论是硬枝扦插还是嫩枝扦插，无性繁殖容易生根，嫁接成活率高。果实易脱落，有利于机械采收。果可制作绿色或黑色的餐用橄榄。

第五节 莱星

莱星（Leccino）原生于意大利莱星城而得名，现为甘肃、云南省审定良种，四川省认定良种，良种号分别为：甘S-ETS-EZ-017-2011、云S-ETS-OE-013-2013和川R-ETS-005-013-2017。莱星是甘肃省陇南市主栽品种。

莱星为常绿乔木。其树冠圆头形，抽枝能力弱，结果特性中等，生长较弱；枝条灰褐色，无茸毛，四棱；叶片披针形，正面深绿色，背面银绿色，叶长6cm，叶宽1.6cm，叶形指数3.75，对生，叶尖急尖，叶基楔形，全缘，革质，叶柄长0.5cm，叶片微凹柔软，叶脉7对、在叶背面较明显；5月中旬开花，花期5~7天，自花不孕，主要靠异花授粉，每花絮坐果1～5粒，果实着生于1～3年生枝条基部的叶腋或隐芽分化成花芽结果，果柄长2.2cm、宽0.1cm，4棱，果实发育期短，成熟较早，成熟期10月下旬至11月上旬，果实椭圆形，果面光滑，黑色，果斑稀少，果实纵径2.2cm、横径1.6cm，果形指数1.4；果核圆柱形，较不对称，褐色，有网状花纹，果核纵径1.7cm、横径0.8cm，核形指数2.1；单果重3.3g，果核重0.6g，果肉率82%，成熟果实含水率49.09%～64.42%。莱星为油用品种，成熟期基本一致，果实密度大，不易碰伤，光亮而新鲜，深受榨油厂欢迎。鲜果含油率22.82%，全果干基含油率46.07%～46.32%，单品种油含油酸57.42%～72.65%、多酚3.03～6.82mg/g、黄酮0.73～1.98mg/g；新鲜的单品种油具有浓郁的禾本科青草味，使人联想到清晨草地的清香，熟果油颜色金黄，苦味及辛辣味较淡，属轻度口味橄榄油（图1-5）。

图1-5 莱星（Leccino）

莱星适应环境的能力强，较耐寒，对孔雀斑病、叶斑病、肿瘤病、根腐病有较强的抗性。生长季如遇高温、潮湿，在通透性不良的酸性黏土上生长不良，生理落叶重，产量低。适应碱性土壤，耐干旱，在土层深厚、通透性良好的钙质土上生长强旺，结果早，产量高，丰产性好，管理适当时定植5年开花结果，但大小年明显，自花不孕，适宜的授粉品种有马尔切、配多灵和马伊诺（Maurino）。

第六节　鄂植8号

鄂植8号（Ezhi8）简称鄂植、鄂8，为我国实生选育的油果两用品种，现为甘肃、四川、云南省审定良种，良种号分别为：甘S-ETS-EZ-018-2011、川S-SC-OE-004-2015和云S-ETS-OE-021-2016。现已被引种到甘肃、四川、云南、湖北、浙江、重庆等省市。

鄂植8号为常绿乔木，树冠圆头形，冠体低矮；抽枝能力强，幼枝四棱，灰绿色，局部青紫色；叶片宽披针形，兼卵圆形，螺旋状扭曲，叶色正面墨绿色，表面光滑，背面银灰色，叶长5.5cm，叶宽1.4cm，叶形指数3.9，叶尖渐尖，叶基楔形，全缘，革质，叶柄长0.52cm，叶柄无棱，叶脉13对，背面叶脉明显，对生或互生；5月上旬开花，花期5～7天，雌花孕育率高，自花授粉坐果率2.3%，异花授粉坐果率4.7%～8.2%，每花絮坐果1～7粒，果实着生于2年生枝条叶腋和短枝顶端，果柄四棱，长0.8cm、宽0.1cm；果实生长发育期140天，果实成熟期11月上中旬，长椭圆形，玫瑰红色，果斑不明显，果汁少，果实纵径2.3cm、横径1.7cm，果形指数1.35，果核倒卵圆形，褐色，有沟状条纹，果核纵径1.45cm、横径0.83cm，核形指数1.75；单果重4.51g，核重0.62g，果肉率86%，成熟果实含水率57.36%～61.4%，鲜果含油率20.89%，全果干基含油率48.16%～50.33%，单品种油含油酸57.42%～72.65%、多酚2.08～5.63mg/g、黄酮0.66～2.06mg/g；新鲜的青果油具有诱人的翡翠绿色，具有浓郁的青草味，苦味及辛辣味较淡，属轻度口味橄榄油（图1-6）。

图1-6　鄂植8号（Ezhi 8）

鄂植8号适应性强，较耐寒，早实中晚熟，单株产量高，丰产稳产，大小年不明显；在土壤质地疏松、排水良好、光照充足的地方种植后通常5年可开花结果，树体矮小，采果方便，长势弱，可密植，适合农户小果园种植。但若结果后不注意更新复壮、及时恢复树势，则干性差，树体容易早衰。在高湿度地区种植，如果空气湿度大、土壤含水率高、排水不良、果园管理不善、杂草丛生、下垂枝修剪不到位时秋雨季容易感染炭疽病，造成落叶或烂果，应及时防治。

第七节　科拉蒂

科拉蒂（Coratina）是油、果兼用品种，现为甘肃、四川、云南省审定良种，良种号分别为：甘S-ETS-C-019-2011、川S-SC-OE-005-2015和云S-ETS-

OE-004-2017。科拉蒂现已在甘肃、四川、云南、湖北、重庆推广种植。

科拉蒂属常绿乔木。其树冠圆头形，抽枝能力强，枝条细长，银白色，无茸毛，四棱；叶片着生部位膨大，叶长而大，叶形披针形，叶色正面墨绿色、背面银灰色，叶长7.8cm，叶宽1.6cm，叶形指数4.9，互生或对生，叶尖渐尖，有钩，侧向一边，叶基楔形，全缘，革质，叶柄长0.3cm，叶柄无棱，叶脉明显，10对，互生，正面两条基脉沿叶缘直达叶尖；5月上旬开花，花期5～7天，自花结实率高，以长果枝结果为主，果实着生于叶腋，有2～3年生“老茎生花结果”现象，果柄圆柱形，长0.6cm，宽0.1cm；着色期较晚，成熟期11月中下旬，果长椭圆形，枣红色，果斑凹陷，稀疏，明显，果汁绿色，果实纵径2.4cm、横径1.8cm，果形指数1.33；果核长卵圆形，有网状花纹，隆起，褐色，果核纵径1.8cm、横径0.9cm，核形指数2；单果重4.5g，核重0.9g，果肉率80%，成熟果实含水率57.15%～68.88%，全果干基含油率19.66%～36.01%（图1-7）。

图1-7 科拉蒂（Coratina）

科拉蒂适应性广，耐寒，结果较早，大小年明显，小年结果部位上移，自花结实率高，异花授粉条件下产量更高，适宜授粉品种为切利那（Cellina di Nardo）。扦插易生根。不抗孔雀斑病，密度过大、通风不良或干旱、水渍都易感病落叶。不宜在生长季雨水多、空气相对湿度高于75%、易板结的黏土地上种植，适宜于土层深厚、通透性好、阳光充足的地方集约栽培，抗旱性中等，适合农户小果园种植，进行间作。油浅绿色，油质中上等，色、香、味很适合东方人口味。

第八节 阿斯

阿斯（Ascolana Tenera）又名软阿斯，是世界著名的果用品种之一，可作油用。其为甘肃、云南省审定良种，良种号分别为：甘S-ETS-AT-021-2011和云S-ETS-OE-003-2017。阿斯现已在甘肃、四川、云南、湖北、重庆种植。

阿斯为常绿乔木。其树体高大，树冠圆头形，抽枝能力中等，枝条下垂，灰绿色，无茸毛，四棱扁平；叶长而大，营养枝上叶宽披针形，结果枝上叶窄披针形，叶色正面淡绿色、背面灰绿色，叶长9.3cm，叶宽1.6cm，叶形指数5.8，对生，叶尖渐尖，有倒钩，叶基楔形，全缘，革质，叶柄长0.7cm，有棱，叶脉不明显；5月上旬开花，花期5～7天，果实着生于叶腋，果柄四棱，长4.8cm，宽0.1cm，有多片小叶着生于果柄；果实成熟期10月下旬至11月上旬，果实大，椭圆形，果实尖端微凸，枣红色，果实成熟后变软，果斑大而明显，常被白色果粉，果实纵径2.9cm、横径2.1cm，果形指数1.38，果核长纺锤形，对称，顶部尖，淡黄色，果核纵径2cm、横径0.7cm，核形指数2.9；单果重6.9g，果核重0.9g，果肉率87%，成熟果实含水率60.9%～69.94%，鲜果含油率21.34%，全果干基含油率39.72%～43.73%。单品种油含油酸72.24%、多酚2.49～6.69mg/g、黄酮0.56～1.51mg/g；苦味及辛辣味较淡，属轻度口味橄榄油（图1-8）。

阿斯对栽培条件要求很严，高温、高湿及酸性黏土条件下生长不良，易落叶、早衰、不结果。喜光，耐寒性强，怕热喜凉爽气候。树体长势强、生长快，树干基部早期易形成营养包。结果早，定植5年后开花结果，果实大，产量高，较稳产，自花不孕，坐果率中等，以塞维利诺（Sevillano）及列阿（Lea）作授粉树可提高结实率1.2%，其他授粉品种有Santa Caterina、Itrana、Rosciola、Morachiaio。抗叶斑病，遇到冰雹灾害后果实易感染炭疽病，抗孔雀斑病和油橄榄果蝇。果实成熟后易脱落，果实含水率高，易变软难运输存放，扦插生根率较低。

图1-8 阿斯（Ascolana Tenera）

第九节　皮削利

皮削利（Picholine）原产于法国，因果实形状像鸽子蛋，别名鸽子蛋，宜作餐用青橄榄，也可榨油，为油果两用品种。2015年由陇南市经济林研究院油橄榄研究所申报，甘肃省林木良种审定委员会审定通过为甘肃省林木良种，良种号为：甘S-ETS-OE-004-2015。

皮削利为常绿乔木。其树冠双锥形，分枝角度小，抽枝能力中等，枝条细而短；枝条银灰色，有网状条纹，幼枝四棱；叶片狭披针形，对生，正面叶色深绿，背面银灰色、被银色屑状鳞毛，叶长6.1cm，叶宽1.2cm，叶形指数5.1，叶尖渐尖，叶基楔形，全缘，革质，叶柄较短，长0.57cm，基部弯曲，叶脉较明显，叶面微卷；以长果枝结果为主，中上部花序坐果率高，圆锥状聚伞花序出自上年生充实枝的中部以下叶腋，而以生于第2～7对叶腋之间的为最多。开花期一般在5月上旬至6月上旬，花期5～7天。花量大，花细小，10～25朵，呈黄白色，有香气，花萼深杯形，有4齿，花冠4深裂，为完全花，雄蕊2枚，雌蕊1枚，花柱2分歧，子房2室。树势过强和营养失调时，往往有雄蕊退化的不完全花发生，其发生率高达70%，更有全部为不完全花的。正常花粉可借助风媒授粉，自花孕育率低，异花授粉坐果率高。果实着生于2年生枝叶腋，果柄长3.8cm，果柄上有多片小叶着生。果实卵圆形，果顶具乳凸，10月下旬至11月上旬成熟，果面粗糙，熟时紫黑色，被果粉，果斑大而下陷，果肉多汁，果实较大，果实纵径2.7cm、横径1.9cm，果形指数1.42；果核卵圆形，对称，浅褐色，有网状花纹，果核长1.67cm，果核横径0.74cm，核形指数2.26；单果重5.74g，果核重0.78g，果肉重4.96g，果肉率86.4%，成熟果实含水率61.68%～68.86%，鲜果含油率18%～20%，全果干基含油率34.1%～43.27%（图1-9）。

图1-9 皮削利（Picholine）

皮削利适应性很强，喜光，抗寒，耐瘠薄，较耐旱，怕水渍，喜石灰质土壤，忌通透性差的土壤，要求通风透光，不宜密植。在半山干旱区的钙质土上长势强，叶片寿命长，开花结果早，皮削利与莱星混栽3年可开花结果，大小年明显，耐修剪，丰产性较好。半木质化枝条扦插生根困难，与城固53号作砧木嫁接亲和力强。抗孔雀斑病。油质好，为重度口味，凝固点低，一般要到−12℃才会结絮凝固。

第十节 阿尔波萨纳

阿尔波萨纳（Arbosana）为早实、丰产、晚熟油用品种。该品种最早由陇南市经济林研究院油橄榄研究所、冕宁元升农业科技有限公司引入我国。2016年由冕宁元升农业科技有限公司申报，认定为四川省林木良种，良种号为：川S-ETS-OE-002-2016。

阿尔波萨纳为常绿乔木。其树体矮小，生长势弱，修剪后生长旺盛，树冠圆锥形。其抽枝能力强，枝条密而圆，黄绿色，无茸毛；叶片宽披针形，叶面为黄绿色，叶背灰绿色，叶长5.7cm，叶宽1.2cm，叶形指数4.8，叶柄长0.74cm，叶对生，叶尖急尖，叶基楔形，全缘，革质，向背面微凹，中脉明显；早实，花期中，自花授粉。果实密集着生于2年生枝基部，成熟期较晚，在11月中下旬果熟，着色时果面被白色果粉，果实圆球形，对称，粉红色，无论是果形还是果色都很美，果顶圆形，果基平截，乳凸退化，果斑多而小，果核长椭圆形，较对称，顶尖，基部圆形，表面粗糙，核纹数量中。果实纵径1.85cm、横径1.58cm，果形指数1.17；果核纵径1.19cm、横径0.7cm，核形指数1.7；单果重2.55g，核重0.4g；果肉率84.3%，鲜果含油率16.19％，全果干基含油率40.33%～44.52%。单品种油含棕榈酸1.3%，硬脂酸2.0%，油酸58.63%～71.34%，亚油酸7.66%，多酚2.75～5.98mg/g，黄酮0.67～2.44mg/g；油具有独特的水果风味和令人愉快的味道，苦味及辛辣味中等，属轻度口味橄榄油（图1-10）。

图1-10 阿尔波萨纳（Arbosana）

该品种是适合篱状高密度栽培的品种，在甘肃省陇南市表现出早实丰产性，栽植后第2年即开花结果，大小年不明显，但不抗寒，气温过低或低温期过长会造成全树落叶，但第2年春季气温转暖时又长出浅绿色新叶，仍正常开花结果。其对水分胁迫敏感，无性繁殖易生根，扦插成活率79%；在高湿地区通风不良时叶片及果实易感染霉污病，抗叶斑病，抗油橄榄果蝇和假单胞菌。

第二章 油橄榄育苗技术

第一节 圃地选择

一、苗圃应具备的条件

（1）交通方便，地势平坦，背风向阳，并具有防风屏障，不易遭受风害和冻害。

（2）沙壤土，土层厚，土壤通气性好，保水保肥。土壤有机质含量在2%以上，土壤pH7.0 ～ 7.8，有利于幼苗生长。

（3）水源充足，水质无害，排灌便利，地下水位应低于1.5m。

（4）土壤无病虫害，尤其是无对油橄榄为害最重的青枯病、立枯病、根瘤病和地下害虫（如蛴螬、线虫、根瘤蚜）等。这种土地不宜作苗圃或有效地清除土壤病虫害后再作圃地。

二、注意事项

如果是弃耕荒地，其他条件适合，也要经过1 ～ 2年土壤改良，彻底清除杂草和土壤病虫害，培肥土壤后再作苗圃。

第二节 沙床育苗

沙床扦插育苗是截取一段油橄榄枝条插入沙床中，使其生根、萌芽、抽生新梢，长成新植株的繁殖方法。

一、扦插技术

我国在引种过程中结合当地气候条件和资源优势，创造了冷沙床、电热床、全光照喷雾、智能温室轻基质容器育苗等多种扦插育苗技术。但在实际生产中深受广大育苗户喜爱的是冷沙床扦插育苗技术。

1. 扦插沙床

沙床建造简单，成本低，经济实用，在精心管理下也能达到温室喷雾育苗效果。沙床有露地沙床和大棚沙床两种。

（1）露地沙床　露地沙床是指插床设在没有设施保护的露地，利用日光增温的插床。露地沙床有低床和平床两种。在亚热带北部1月份平均温度在3℃左右的地区，采用低床。亚热带中南部地区一般用平床或高床。选择背风向阳，地下水位1.5m以下，有水有电，排水好，光照足，便于管理的地方设置插床。

在选定作床的地方，挖深60cm，两床并列一组，床的长边墙高20cm，中间墙高于边墙20cm，床的两头封闭，用土或砖砌成，由此建成为床深80cm、床宽100cm、长6～7m的低床。床底垫10cm鹅卵石，以利排水；中层填10～15cm的酿热物，如马粪、棉籽壳或稻草，上层铺洁净河沙作插壤，必要时用塑料小拱棚覆盖、稻草帘遮阴和保温。低床的优点是插壤温度、水分和空气湿度稳定。插穗在愈合生根过程中可减少浇水次数，因而这种插床有利于保持温度、水分和空气湿度的稳定，这样的生态小环境对生根有利，也便于管理。

（2）大棚沙床　大棚沙床即把插床建在塑料大棚里（又称大棚插床）。插床的规格可根据大棚的土地面积合理设计。做床时挖深18～20cm，四周用起出的土砌成高60cm的土埂，中间平铺洁净河沙做插壤，温室外用稻草帘遮阴及保温。

2. 插壤准备

用洁净的粗细河沙混合作插壤，粗沙（沙粒直径0.6～2.0mm）40%、细沙（沙粒直径0.2～0.5mm）60%。插壤厚15～20cm。第二年用浓度为0.4%的高锰酸钾溶液消毒后使用。

3. 扦插时间

多在秋冬季采果后结合修剪剪取插穗进行扦插，以11月上旬至12月为宜。

春季为辅，因为春插时，插穗生根后到了夏季气温高，移栽成活率降低。而且苗木生长时间短，生长弱，木质化程度低，易遭受冬季低温冷害。

4. 插穗处理

（1）采条　利用冬季修剪时的枝条或在采穗圃、品种园中，选取树冠中上部生长健壮、无病虫害、无机械损伤的半木质化枝条作插条，分品种绑扎、挂标签标明品种，置于阴凉处，作保湿处理，并尽快运至苗圃所在地进行剪穗。

（2）剪穗　油橄榄枝条节间长短因品种各有差异，一般选择0.3～0.8cm粗、无分叉侧枝的充实枝条作插条，剪成10～14cm长的插穗，留4～6个节，顶端留叶片1～2对（2～4片），以提高生根率，其余叶片剪去。插穗的下剪口离节部1cm左右平切（横切），断面小，有利愈合；上剪口距第一个节0.5cm左右。上下剪口应平滑不起毛，不破皮，不伤芽。剪好后随即扎捆，每捆50根。剪条操作应在室内进行，防止风吹日晒。

（3）插穗消毒　用600～800倍多菌灵溶液浸泡整捆插穗约15s，取出后将插穗基部切口朝下竖放。

（4）插穗处理　油橄榄属难生根树种，一般都要用生根激素进行处理。生产中常用吲哚丁酸（IBA）或生根粉对准备好的插穗进行扦插前处理。

根据多年的重复试验比较，以吲哚丁酸处理的插穗生根率较高。吲哚丁酸难溶于水，易溶于酒精，配制时先用少量95%的酒精将其溶解，再用纯净水稀释成使用浓度。其使用浓度与方法分两种：

① 浸泡法　易生根品种用400～600mg/kg溶液浸泡8～12h；难生根品种用1000～2000mg/kg溶液浸泡12～16h；浸泡深度2～3cm。

② 速蘸法　配制好1000mg/kg或2000mg/kg吲哚丁酸溶液，再加入适量的滑石粉调成糊状的吲哚丁酸滑石粉糊，再把已剪好捆绑整齐的插穗蘸上滑石粉糊，浸蘸深度2～3cm，浸蘸时间3～5s，然后直接扦插。也有先浸泡再速蘸的（图2-1）。

图2-1　插穗处理

5. 扦插方法

先将插床疏松整平，在插床上开沟，沟深6～7cm，再把插穗直接放入沟内。用手回填插壤埋实插穗基部，深度为插穗长的1/2。插穗行距为

5～6cm、株距1～2cm，每平方米扦插密度3000～5000株（图2-2）。插后立即洒透水，覆盖塑料棚膜和遮阴帘。

图2-2 扦插方法

二、插后管理

插穗在愈合和生根过程中要求温湿度相对稳定。土温床构造简单，又无控温调湿设备，其温湿度随季节和天气而变化，稳定性差。因此，扦插后的管理工作十分重要，也就是说“一分扦插九分管理”。管理就是调节插床的温度、湿度、光照和供氧等条件，满足插穗生根的需要。调节的方法是做好浇水、保温、通风、透光、遮阳等各个环节的工作，造成低气温（棚内气温）、高地温（插壤）等适合生根的环境条件。

1．插穗愈合生根期的温、湿度调节

（1）温度　插穗产生愈伤组织和生根要求的插壤温度如下：

<8℃，停止生根；

8～10℃，愈伤缓慢；

15～18℃，愈伤组织生长加快，并开始分化不定根；

20～22℃，生根适合，生根期缩短，生根率高；

>24℃，生根率下降。

（2）湿度　插穗生根过程中，插壤水分与插穗的含水量要保持平衡。棚内空气相对湿度应保持在95%～98%，维持插穗及其叶片湿润有光泽，防止失水萎蔫或落叶。判断插壤水分和相对湿度的方法有以下三种：

① 手握插壤成团，松开即散，手掌湿润并沾有细沙粒的为水分适宜。

② 在插床两头及中间抽样检查，每样点拔出2～3根插穗，当插穗下部表面湿润、剪口周边沾有细沙粒的为水分适宜。

③ 每日上午7～8时观察，棚内塑料薄膜上布满水珠为湿度适宜。

凡不符合上述标准的应采取措施或补充水分。

2．插床的温度、湿度、光照和氧气的调节

（1）温度　沙床的温度随季节、昼夜和天气状况发生变化。扦插初期，晴天，无风天气，10～12时，插壤温度可达18～19℃；13～17时，插壤温

度上升到20～24℃，空气温度可达24～28℃（拱棚内），夜间逐渐下降至15～17℃。插穗愈伤组织形成阶段，15～18℃的温度是适宜的，而下午的温度过高，需降温。在遮阴的条件下，揭开插床两头的塑料薄膜通风降温，如果温度过高，再用背负式喷雾器向塑料薄膜上喷水降温。

中期（小雪以后），气温逐渐降低，管理的重点是保温，要保持插壤温度不低于15℃。晴天，适当延长光照增温，夜间及寒冷天气，增加双层塑料薄膜和草帘覆盖保温防寒。

后期（立春以后），气温回升快，插穗基部膨大、开始形成愈伤组织、生根并抽出新梢。此时，需及时遮阴、透光、喷雾，敞开大棚一侧或两侧塑料薄膜适当通风，维持床温不超过24℃、气温不超过26℃为宜。3月中旬以后视生根情况翻床移栽。

（2）湿度　沙床及大棚保湿性能较好，插壤浇透水之后，在大棚内一般可维持10天以上不需浇水，空气相对湿度98%可达到近饱和状态。冬季低温时期，视插壤水分和湿度状况，适时喷水，每次补充水量约1.5～2kg/m^2。尽量利用插床内水分蒸发、凝结和自然循环进行调节，减少浇水次数，避免插床沙层积水烂根。这一点对于保持温度稳定以及高湿环境和促进生根极为重要。

（3）光照　扦插后由于光照较强，气温高，必须遮阴，降低温度，以减少插壤水分蒸发和插穗叶面蒸腾失水。但带叶插穗愈合至生根阶段，需要有适当的光照，以充分利用光能，维持营养平衡，促进生根。因此，遮阳不能过度。愈合阶段，上午11时前至下午4时后，间隔卷起插床两侧草帘，增加侧方光照，透光度达到30%～40%即可。生根抽梢阶段，在保持一定温度（18～22℃）的情况下，逐渐增加光照时间，可在多云天气揭开草帘透光（图2-3）。

图2-3　插后遮阳及透光管理

（4）氧气　插穗愈合生根期最忌插壤缺氧不通气。插壤缺氧易引起插穗腐烂。氧气与插壤中水分、温度密切相关，插壤中水分多，不仅可引起插壤温度降低，也会排出插壤中的空气，造成缺氧不通气，不利于插穗生根。因此，在保持插壤水分、温度适宜的条件下，要做好插床的通风。通风时间根据天气变化调整，晴天气温高时，早、中、晚各通风一次，增加新鲜空气，调节氧气。天气寒冷或阴雨天，中午通风一次。通风时间不宜过长，以免影响温度、水分使之下降，每次以15～20min为宜。插穗生根后移栽前，要控水、增加通风和光照时间，进行蹲苗炼苗。

3．下床移栽和幼苗管理

（1）起苗　俗称翻床，用花铲翻起插壤，轻取轻放，防止断根。根据苗木生根多少以及根系健壮程度分级，每100株一把（图2-4），装入泡沫箱中，洒水湿润，覆盖棉布保湿，盖好箱盖，防止苗木失水，保持低温阴凉运输。

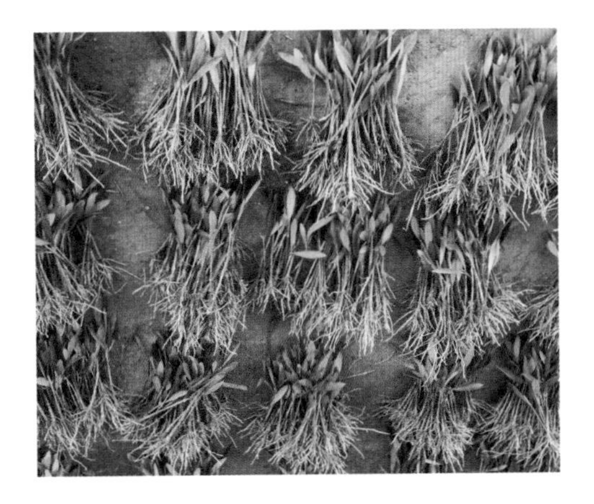

图2-4　油橄榄下床苗

（2）容器苗培育　常用的容器有塑料营养钵和无纺布营养袋。它们的大小和形状依培育苗木年龄而定，形状有圆形、方形和柱状等。

① 容器选择　培育1～2年生苗，营养钵规格为13cm×15cm、15cm×15cm，一般用圆形或方形的。培育3年生苗，营养钵规格为16cm×21cm、15cm×25cm，一般用圆形的。

② 营养土　营养土的配料成分一般以田园沙壤土和新黄土为佳，要求无病虫害，营养均衡，保水、保肥、透气。

③ 移栽　将扦插生根苗直接栽植于营养钵或营养袋中，栽时用花铲刨穴，左手扶直幼苗，右手展开根系，并用细土覆盖根系。覆土时不要挤压根系。栽植深度与幼苗在插壤中的深度一致。多雨区做高床以利排水，干旱区做低床以利于灌溉，要求床面平整。栽植后移于床面摆放整齐，互相挤紧，摆放宽度1～1.2m，长度视地块而定，中间留30cm宽步道；春末夏初移栽时要设置遮阴网，用木桩或竹竿在苗床上搭设遮阴架，架高50～60cm，用遮阴网遮阴70%～80%。

④ 浇水　栽后立即浇透定根水，低床可进行漫灌，使根系与土壤紧密结合。移植后7～10天，晴天时，每天喷雾3～4次，保持叶面和表土不干燥板结。20天至一个月，每天喷水1～2次。这段时间要避免浇水过多，否则会使叶片和苗茎沾附泥土，影响苗木正常生长。一个月后，苗木的根系已能吸收土壤水分，此时应视土壤水分状况浇水，保持土壤湿润。雨季要及时排除苗圃

积水。

⑤ 施肥　移植后根系恢复期一般不施肥，苗木成活并抽出新梢时，可少量多次撒施尿素“提苗”，促进根系和新梢生长。生长期要经常除草、松土、保墒，发生病虫害要及时对症防治。

⑥ 剪侧枝　油橄榄侧芽对生，顶端优势不明显，无论是嫁接苗或扦插苗，常从苗木基部萌发一些新梢或对生的两个侧芽同步生长形成两个侧枝。生长至20cm长时应选择一枝生长健壮的新梢绑缚在支柱上，其余的新梢沿基部疏除。

⑦ 立杆扶苗　油橄榄苗期苗干柔软易倒伏，培育2年生以上大苗时，应在容器外直插一根竹竿作支柱，采用三交叉的方式把新梢绑缚于支柱上，培育直立的主干。捆扎不宜过紧，以免勒伤新梢；而过松时，风吹枝折，也起不到立杆扶苗的作用。培育2年生以上大苗时，苗木生长速生期会萌发副梢即2次枝，2次枝是同节对生，应留1去1，使2次枝交互分布，培养成株形整齐的合格优质大苗。

图2-5　2年生油橄榄容器苗

⑧ 出圃　油橄榄容器苗全年均可出圃造林，一般应尽量避开夏季高温起苗运输，以秋雨季或次年春季起苗出圃为宜（图2-5）。

传统的油橄榄扦插育苗以冷沙床为主，以河沙作为扦插基质，采用塑料大棚、草帘遮阳保温。这种育苗方式的优点是可以就地取材，设施建设费用较低，时间短，单位面积育苗量大，苗木成本低；缺点是温、湿度及光照难控制，管理不精心时会发生插穗落叶、干枯、腐烂，或插穗基部膨大、只形成愈伤组织而不生根的“蛋蛋苗”，生根率不稳定甚至会“全军覆没”造成重大损失，并且生根苗下床时为裸根，运输栽植过程中幼根容易损伤，移栽成活率低。

第三节　温室育苗

经过多年试验，油橄榄育苗技术不断进步，一些科研院所和企业率先采用智能温室轻基质穴盘育苗，优点是水、光、热、氧、温度可控，穴盘育苗根聚体集中，根系发达，根系带“胎土”移栽成活率高，缓苗时间短，苗木生长快，基质通过消毒处理，苗期病虫害少。

一、育苗前准备

1. 材料准备

采购椰糠、泥炭、珍珠岩、泡沫颗粒、吲哚丁酸（IBA）、95%酒精、温湿度计等材料。

2. 穴盘选择

穴盘多为塑料材质，可多次反复使用，标准外形尺寸为55cm×28cm，高度9cm，规格分别为50孔和72孔比较适宜，常用50孔穴盘。

3. 设备检查

检查温室水电、喷雾设备、加湿器、温室内外遮阳及周围遮阳设备完备及是否正常运行。

4. 场地消毒

用水冲洗温室地面和床体；用高锰酸钾400倍液喷洒床体、地面及每个穴盘，然后关闭温室门窗24h进行熏杀。

二、扦插育苗基质

扦插育苗基质要求能正常固定插穗，透气、透水、无菌、无虫、清洁，有一定的保湿功能。一般以椰糠（图2-6）、泥炭、珍珠岩、泡沫颗粒（图2-7）、石英砂为基材。

图2-6 椰糠砖

图2-7 泡沫颗粒

1. 基质配置

扦插前用97%多菌灵600倍液浸泡椰糠砖，可采用以下比例配置基质：

泥炭、蛭石、珍珠岩，2∶1∶1；

椰糠、泡沫颗粒，3∶1；

泥炭、珍珠岩，3∶1；

椰糠、珍珠岩，3∶1；

椰糠、珍珠岩、泡沫颗粒，3∶1∶1。

2. 装盘

将配好的基质混合均匀，填装在穴盘中，用刮板从穴盘的一方刮向另一方，使每个穴孔都装满基质，用力压实，保持一定紧实度，如过于疏松则扦插后插穗易倒伏，基质易干，保湿性差；而过于紧实则扦插困难，扦插时会损伤插穗皮层造成伤口引起感染腐烂，或影响通气透水。

3. 搬运

在填装好的穴盘上覆一层清洁的石英砂，搬运至温室码垛。

三、扦插育苗时间

智能温室可实现周年工厂化育苗，提高单位面积的生产能力。扦插时间一般可选择冬插和春插。

1. 冬插

在果实采收后于11月上中旬进行，气温在20℃以下时宜及早进行，气候凉爽，便于人工作业及插穗愈合生根，扦插约80天后生根，100天后（春节后）将穴盘转入塑料大棚继续培育。

2. 春插

2月下旬至3月上旬可扦插第二批苗木，此时温度适宜，待温度继续升高至炎热时已开始生根，此时期可打开门窗通风或开启湿帘、打开风机降温，120天后可栽植到营养钵。

四、扦插育苗方法

1. 扦插

将处理好的插穗解绑，在穴盘上每孔中心扦插一根插穗，扦插深度为穴盘深度的一半，约4～5cm，过深或过浅均不利于插穗成活；扦插时应将基质压实，每半小时对插后的穴盘苗用水壶洒水，以避免插穗失水；不同品种穴盘分区摆放并挂标签注明品种名称（图2-8）。

2. 浇水

待一个灌区的苗床扦插完毕后，应立即对插床喷透水一次，用小水喷头喷洒，以免冲溢基质。然后密闭大棚或温室门窗，保温保湿（图2-9）。

3. 消毒

喷水结束后约1h，待多余水分渗出后，用多菌灵600倍液喷洒一次进行消毒。

图2-8 扦插

图2-9 浇水

五、扦插后管理

虽然智能温室在一定范围内能调节温湿度，但在较大空间内要满足油橄榄扦插的高湿度要求是比较困难的，针对这种情况，陇南市经济林研究院油橄榄研究所的科研人员经过多年试验研发了新型的加湿系统，包括阳光板拱形棚、超声波加湿器和管道系统等，以满足油橄榄扦插的高湿度要求。

1. 阳光板小拱棚（棚中棚）

扦插完毕后浇透水，在温室内苗床上加盖阳光板小拱棚保湿（图2-10）。

图2-10 阳光板小拱棚

2. 超声波加湿器喷雾保湿

用额定功率1200W的加湿器，

加湿量（每小时雾化水）为12kg/h。加湿器有两个出雾口，每个出雾口用直径6～7cm的PVC管接通2个苗床，从床体中心底部进入床面，管口高出床面30cm，床面出雾口做成“T”形端口，便于向床体两端喷雾，每台加湿器可供8个床体加湿。晴天在11～16时开启加湿器。

3. 温室管理

扦插后密闭大棚或温室门窗，开启温室外遮阳、内保温，四周透光处用遮阳网遮挡，保温保湿；达到遮光80%，基质湿度保持在60%～70%，空气湿度在90%以上，温度保持在12～25℃，当温度高于25℃时需自动打开循环风机通风降温，并且在气温较高时应每隔3～5天打开拱棚前后门通风换气。而当温度低于10℃以下时，需打开热水循环加热系统。一般每隔两周（按基质湿润情况决定频次）喷水一次，用多菌灵、百菌清、甲基硫菌灵、代森锰锌交替喷洒杀菌。

图2-11 温室轻基质扦插生根

扦插80天后即可生根，100天后去掉棚盖，使光照增加到50%，喷水时加0.3%～0.5%尿素或磷酸二氢钾，每隔7天喷施叶面肥一次，100天后根聚体形成，可转入塑料大棚养护（图2-11）。

六、下床栽植

1. 圃地整理

苗圃地内排水沟必须通畅，发现有积水应立即清沟排水，做到内水不积、外水不淹。

2. 营养土配置

用田园土、椰糠3 ∶ 1，再加适量复合肥。

3. 下床苗移栽

冬季扦插的苗木，翌年4月中下旬至5月初移栽到营养钵再摆入苗床，穴盘苗根聚体集中，移栽成活率高，移栽后可不用遮阳，采用全光照育苗。

4. 苗期管理

栽植后适时进行锄草、浇水、施肥、绑扶苗干、防治病虫害以及修剪等常规养护，剪掉侧枝，培育成单主干苗（图2-12）。

图2-12 油橄榄温室轻基质育苗

第三章　油橄榄栽植技术

油橄榄是以生产果实和压榨橄榄油为主要目的的果树，一旦栽植，多年受益，所以在建园前必须对栽培品种和园地条件等进行认真调查、科学规划，因地制宜，适地适树，良种良法，具体做到“五个一”，即：一棵良种苗，一个营养坑，一桶定根水，一块覆盖膜，一根支撑杆。

第一节　生态习性

油橄榄原产于地中海沿岸，是地中海式气候下塑造的物种，要求夏半季（4 ~ 10月份）高温干燥、冬半季（11月至次年3月份）温暖湿润。世界各地引种后虽然表现出一定的驯化适应性，但基本的生态适应性变化不大，特别是对气候及气象要素的要求依然比较严格，从而限制了它的引种种植区域。油橄榄引种适宜区大区域看纬度、小区域看海拔，因为纬度和海拔影响温度、光照、水分等生态因子，而这些因子直接影响油橄榄的生命周期和年周期，与油橄榄的生长发育、开花结果、丰产稳产、油品质量密切相关。因此，在引种种植油橄榄时首先要考虑它的生态习性。

一、温度

温度是影响油橄榄生命活动的重要因子。从油橄榄原产地、主要栽培国和我国引种种植适生区的气候条件来看，限制种植油橄榄的诸多因子中主要是冬季低温，休眠期温度过低易受冻害，而温度过高又影响花芽分化，不能正常开花结果。与温度相关的气象要素主要有年平均温度、最低温度、最高温度和有效积温。油橄榄集中产区的年平均温度为12.3 ~ 19℃，1月份平均温度为

1.5～10℃，7月份平均温度为24.7～25.7℃，极端最高温度在40℃以上，极端最低温度为−8.1℃，年积温≥5000℃。

1. 低温

正常年景冬季应该无降雪，有些年份虽偶有降雪，但由于气温和地温较高，降雪很快融化，地面无积雪，更不会连日"坐雪"。冬季如果气温在−13～−8℃的低温连续3天以上，油橄榄就会出现叶片冻干、1～2年生枝条韧皮部冻裂和个别品种枝条木质部褐变等情况；早春当油橄榄枝条萌动后，0℃左右的低温能严重危害发芽，导致芽和新生叶死亡，同时影响花芽形成，导致不完全花的形成。

2. 高温

在开花期出现干热风和高温，易引起柱头黏液吹干、柱头及花粉干缩、胚胎发育不完全等现象，会造成不完全花比例高、授粉不良等情况，从而严重影响油橄榄产量。有时油橄榄在夏季能忍耐45℃的极端高温而无烧伤，在供水充足时能继续生长；夏季干旱缺水，则会出现夏季休眠。

二、光照

油橄榄是一种喜光的长日照树种，在长期进化过程中，油橄榄在原生地形成了适应长日照的生态习性。日照长短与强弱直接影响油橄榄的生长、花芽分化、开花结实、含油率高低、油品风味、分枝习性和叶片寿命等。油橄榄的原产地（地中海地区）年日照时数多在2000h以上；而我国油橄榄引种区的年日照时数一般都在2000h以下，低于原产地。引种试验实践表明，一般要求在1250h以上，最好在1500h以上为宜，日照低于1800h地区，油橄榄幼树生长期比较耐阴，生长快，长势好，但到结果期，开花结果少，生理落叶多，叶片寿命短，芽和花芽不能充分发育，结果不稳定，产量低。

三、水分

油橄榄是耐旱树种，具有旱生型植物习性，其叶片较小，表皮较厚，含蜡质不透水，气孔小且深陷入叶肉，并受星状毛保护。油橄榄对水分的适应范围很宽，由于人工排灌措施的介入，对年降水量的适应范围为150～1000mm。地中海种植油橄榄地区，年降雨量多在400～850mm，少数地区达到1000mm以上，蒸发量超过降水量1倍以上。我国引种区主要分布在亚热带范围，全年降雨在500～1000mm。在全年降雨量≤400mm的干旱区且无人工灌溉的情况下，当油橄榄树受到水分胁迫时，产量将严重受影响，因此就有群众常说的“有水才有果”。大气相对湿度多在40%～65%，上限为80%，长期湿度过大、通风不良就会滋生病害（如孔雀斑病、炭疽病等）引起油橄榄落花、落果。在我国的一些油橄榄栽培区，降水量在800～1500mm，一般不需要灌溉，如果生长期内旱涝交替，则既需要在旱季灌溉，又需要在雨季排涝。

第二节 园地选择

选择适宜的气候、地形和土壤条件是建园的最基本要素，一般选择平地和山地两种立地类型建园。

一、平地建园

我国的油橄榄栽培区多在山区，平地系指山脚或河谷沿岸的水平阶地以及泥石流冲积扇，多见于宽阔的谷地河流两岸，地势较为平坦，并依河流走向，向一方稍微倾斜，高差起伏不大的狭长地带（又称川坝平地）。

平地的气候和土壤等生境因子基本一致，水源充足，有河水灌溉，又能排水，水土流失轻。冲积土的质地轻，土层深厚，微碱性，有机质含量较丰富，油橄榄根系在疏松深厚的土层中分布广而深，很多品种都能生长，产量比较高。

平地交通便利，有利于生产资料和产品运输，对果园进行规划设计与施工，比山地建园投资低、速度快。因此，可充分利用地形优势，建立一定规模的集约化丰产园，选好品种，合理配置，科学种植，实施机械化操作管理，实行林农间作，提高劳动生产率和果园的经济效益（图3-1）。

图3-1 平地橄榄园

川坝平地由于成因不同，在地形（微地形）和土壤质地、化学成分等方面存在差异，对油橄榄的生长发育会产生不同的影响。在进行宜园地选择时应特别注意园地土壤必须适合油橄榄种植。在北方川坝平地的土壤主要是潮土类，由冲积母质、洪积母质形成，它是经长期耕作、改土、培肥等农业生产活动过程发育起来的一种旱作土壤。潮土大多在一级阶地上或冲积扇上，地形平缓，土层深厚，土壤疏松、通透性好、有机质含量较高、微碱性，适宜各种作物（包括果树）生长。在南方的一些山间洼地（坝子）主要是多年种植水稻的潜育土，潜育土的土壤质地颗粒细，通气不良，再加上地下水位高，土体常受到地下水浸润。犁底层受地下水升降影响频繁，对油橄榄根系生长发育不利，尤其是雨季土壤水分过多，土壤缺氧时，常引起油橄榄烂根和生理落叶，生长早衰，产量低而不稳，树体、叶片及果实易感病。油橄榄不耐涝，根系好气，忌水渍不通气，要选择地下水位在1.5m以下的地块为宜。生长季降水量大的地区，应采用排水好的深沟高畦或起垄栽培，以保持园地土壤水分适合油橄榄生长和结果的需要。

在干热河谷的小流域沟口，由沟洪搬运堆积形成的洪积扇上，可选择土壤条件较好的扇缘地带种植油橄榄。扇缘土壤一般是由沙砾、粗细沙粒及泥沙漫淤而成的潮沙土，其质地疏松、水分条件差、土壤肥力低。选择地下水位1.5m以下的平缓地段，建立橄榄园，注重园地开沟改土，培肥地力。潮沙土漏水漏肥，油橄榄自然生长势弱，产量低而不稳，所以应加强肥水管理，种植绿肥，逐年培肥土壤，改低产园为高产园，有效促进油橄榄生长和提高产量。

在进行川坝地区宜园地选择时，应特别注意土壤的有害盐类，主要是氯化物和硫酸盐等可溶性盐类对油橄榄的毒害作用。这些盐类一般分布在阶地和扇缘的低平地带的洼地中心或边缘，多呈大小不等的斑状分布，主要特征表现在地面有白色、棕黄色盐霜，在土壤表面常显潮湿状态，生长有稀疏的耐盐碱植物。盐渍土对油橄榄的危害是破坏了油橄榄的生理代谢，影响根系从土壤中吸收水分和养分，并对根系有腐蚀作用等，严重时可使油橄榄树枯死。

二、山地建园

我国油橄榄的三大一级适生区及周边次适生区多为山地，从引种油橄榄开始就在山地试种，在平地很少种植。山地地形、土壤条件较为复杂，具多样性的山区小气候，这为油橄榄栽培提供了丰富的可供比较选择的适宜生态条件。因此，在山区建立油橄榄园有比较优越的自然条件，山地空气流通，风害少，冻害轻，日照充足，温度日较差大，有利于油脂积累，能提高果实的产量和含油率。山地种植油橄榄不仅可以进行生产、获得果实，同时也是发展山区经济、增加农民收入和保护生态环境的举措之一。然而，要保持油橄榄种植业在山区能够稳定发展，必须按照油橄榄的生物、生态学特性选择立地条件建园，

图3-2 山地橄榄园

做到适地适树适品种，再通过栽培技术改进等措施，提高单株和单位面积产量（图3-2）。

地形和土壤等立地条件必须适合油橄榄生长发育的要求，它们对建园后油橄榄的生长、产量和经营期内经济效益等方面会产生深远的影响。我国油橄榄重要引种区甘肃武都、四川和云南，在引种试验的基础上，结合气候和地形、土壤条件等进行了油橄榄适生区区划。在适生区的山地应根据自然客观条件加以选择宜园地。

1．地形

地形对油橄榄生长是一个间接因素，它影响温度、光照、土壤和养分、水分等生态因子的再分配，应根据油橄榄的生态要求选择适宜的地形种植。

地形包括坡度、坡向和坡位等组成因素，在具体利用时要注意各种因素的综合作用。选择宜园地时应注意海拔、坡度、坡向和土壤等立地条件应适合油橄榄生长。油橄榄适合坡地栽培，因为坡地光、热和通风条件好，要尽量选择地形开阔、光照充足（2000h以上）、坡度不超过25°、冬季无冻害的丘陵山地种植油橄榄。由于油橄榄是喜光树种，一般还是以阳坡地最为适宜，要根据品种的需光习性选择坡向，可将耐阴性较好、喜水肥的佛奥、豆果、奇迹、阿尔波萨纳等品种种在阴坡或半阴坡；将喜光的莱星、皮削利、克里等品种种在阳坡和半阳坡。

2．土壤

土壤的形成与演变受母质、地形、气候、植被和时间等条件的影响，其中土壤的生态因子与油橄榄的生长发育关系最为密切。土壤的物理性质、化学性质和土壤微生物等，对种植油橄榄有重要作用，尤其是土壤的物理性质和化学性质。油橄榄根系需氧量大，要求土壤通气孔隙度为20%～30%，渗透性为80～150mm/h，油橄榄喜中性和微碱性的钙质土壤。还要考虑山地地形和土壤的多样性，在地形适宜的条件下，通过对土壤主要理化性状进行分析，选择适宜油橄榄栽培的土壤。例如白龙江河谷武都油橄榄适生区是我国目前油橄榄生长和丰产稳产性最好的种植区，但也反映出地形和土壤条件不同的油橄榄园，其油橄榄的生长和产量相差很大。因此，选择适宜的地形和土壤建园，是白龙江河谷区油橄榄丰产稳产的基础。根据武都区土壤普查资料，山地土壤类型复杂多样，水平和垂直带谱较为完整，从土壤的水平分布看，全区自南向北分布的土壤依次为黄棕壤、棕壤、黄土、褐土、山地草甸土、河谷地川坝水稻土和潮土，水稻土以及地下水位1.5m以上的潮土等都不适宜油橄榄种植，其中适宜油橄榄种植的土壤有黄土、黄棕壤、棕壤和褐土。土壤的垂直带性是依海拔高度不同而变化的，如白龙江南岸的擂鼓山北坡，从河谷地向上依次为水稻土、潮土、碳酸盐褐土、淋溶褐土、山地草甸土和亚高山灌丛草甸土等。从油橄榄种植试验看出，海拔1500m以下的黄土、碳酸盐褐土最适宜油橄榄栽培，而淋溶褐土及其他土类则不适宜油橄榄生长。山地碳酸盐褐土受雨水侵蚀冲刷，经过河沟搬运沉积或坡积，在山麓平缓地段堆积形成洪积台地，或在河岸阶地与大型冲沟的沟口形成冲积扇。其在地域上沿白龙江两岸山麓坡地形成条带状或块状不连续分布，小区面积不大，但地形较开阔，平缓或微斜，光热条件好，土层深厚，土壤质地粗细适中，通透性良好，微碱或偏碱性，土壤理化条件有利于油橄榄生长，是建立油橄榄园最适宜的种植地带。但是侵蚀性褐土存在有不透水的黏土层，需要深翻整地、打破黏土层或改良土壤后种植油橄榄。

第三节　整地技术

整地是油橄榄建园的基础工程，是为油橄榄根系生长构建良好的微生态环境，保证土层深厚、通透性好、有足够的生长空间和养分供应才能实现早实、丰产和稳产。园地选定之后就要对园地进行地表植被清理、微地形改造和土壤的精细整治，以符合种植要求。如果整地不符合要求，则在油橄榄种植后容易出现生长早衰，影响树体生长和开花结果。

一、整地时间

将拟种植油橄榄的山坡地、农地、退耕还林地、撂荒地、疏林灌木草地等，依地形、地势进行果园区划，设计道路、作业小区、灌溉和排水系统。作业小区是果园最基本的生产单元，要求立地条件一致，便于耕作、施肥、灌溉和排水等综合管理，应按照区划进行整地。

最好在油橄榄种植前1～2年整好地。如果是农地或退耕地，可在种植前一年的秋冬季整地。荒地、坡改梯田，要在种植前两年的秋冬季进行整地。提前整地是为了利用气候条件，腾出一定的休闲时间熟化培肥土壤，加深熟土层。整地后种植1～2年绿肥作物培肥土壤，同时消灭杂草，减少土壤病虫害。经过种绿肥、压绿改土等，增加土壤有机质和微生物。而经过土地休闲，使土壤微生物休养生息、提高土壤肥力。深耕土层逐渐沉实，定植后的苗木根系深浅一致，根系营养面积大，适应性、抗逆性提高，有利于幼树快速生长，并可缩短幼树缓苗期，进入结果期早，产量高，果园经济效益好。

二、施基肥

山地土壤由于不合理的开发利用，可能遭受严重的侵蚀和冲刷，以致土层薄、基岩裸露、地力贫瘠。在贫瘠的土壤上种植油橄榄后会长成“小老树”，影响结果。基肥的作用是改善土壤理化性质，提高土壤肥力，保证油橄榄植株快速而均衡地生长，提早结果，实现丰产稳产。

全园整地的基肥以有机肥为主（包括各种农家肥），辅以磷肥和钾肥。应该在建园之前就准备好所需要的肥料。每亩施有机肥1000～2000kg。磷肥和钾肥的施用量，要根据土壤理化分析数据和油橄榄需肥量而定，也可根据土壤状况，以实际经验判断。例如，钙质紫色土可少施或不施磷钾肥料，其他土壤每亩施磷肥20～30kg、钾肥25～35kg。由于磷肥和钾肥在土壤中移动性很差，根系难以吸收，因此，将矿质磷、钾肥与有机肥混合施用，可增加肥料与根系的接触面积，为根系所吸收。带状整地的基肥以有机肥羊粪为主，复配油橄榄专用肥，在种植行按每米深施有机肥羊粪8kg、油橄榄专用肥2kg的比例，人工撒施均匀，用挖掘机充分深翻混匀，再用没有混合肥料的表土回填种植行。采用深施基肥的方式有利于栽植时油橄榄苗木的根系都在熟土层而且不与肥料直接接触，不会产生烧根现象，随着根系的生长又可以得到充足的养分。

施肥应在定植前进行。在经过整地、休闲、压绿改土过的作业小区施肥，肥料要布满整个作业小区的地面层，再深耕30～40cm，把肥料翻到土层中。因为不论栽植的密度如何，树长成后，根部几乎布满整个园地的表土层下20～80cm深处，所以不仅要求整个园地土层深厚、疏松，也必须使肥料均匀地分布于土层中，供根系有足够的营养空间可以充分吸收利用营养，提高肥料利用率，保证产量高而稳定。

三、整地方式

整地方式要符合油橄榄的需要，主要依气候、地形和土壤条件而定。平地果园采用全面深翻土地和深沟整地为宜；山地果园应修筑水平梯田、水平台、反坡水平台，然后进行穴状整地，如在坡度较大山地开挖鱼鳞坑或挖1m×1m

见方的大坑整地等。

1. 平地果园

油橄榄虽然是浅根性树种，但它喜好土层深厚、通透性好的土壤。油橄榄树在土层深厚疏松的条件下，根系生长迅速，营养面积大，可快速形成树冠，最终达到早结果和高产稳产。因此，栽植前必须进行深翻整地，以造就适合油橄榄生长的土层深度和相适应的土壤物理条件。

整地方法为：首先用装载机将表层土推到另一作业小区堆积存放起来，然后用挖掘机深翻过筛，深度达80cm。待土层熟化后回填表土推平。栽植前，施有机肥作底肥。有机肥是预先经过发酵腐熟的鸡粪、果渣、羊粪等混合有机肥。每亩施肥量1000～2000kg，均匀撒满地面，然后用深耕犁深翻40～50cm，把肥料与土壤混合均匀，耙平。经过高标准细致整地建立的油橄榄园，其园地土层深厚、结构疏松、通透性好、土壤肥沃，这为建设高产优质橄榄园奠定了基础。高标准整地时间长、工程量大、投资较高，但幼树生长快，结果早，产量和产值较高。

我国平地果园应借鉴吸收原产地种植油橄榄的整地经验，提高油橄榄建园质量。根据气候、地形和土壤条件，提前（栽前）1～2年整地，全面深翻60～80cm，种植绿肥，压绿改土，培肥土壤。不适宜全面深翻整地的果园，应用局部带状开沟整地。带状开沟整地规格，通常为带状宽80～100cm、深80～100cm。高湿多雨区地下水位高的地块在带状沟底设暗沟排水，排水沟宽40～50cm、深30cm。排水沟内填入石块、卵石，沟上铺1层秸秆、杂草再覆土，构成暗沟排水。沟长与栽植行的长度相等，沟槽的两头与作业小区的排水沟相通。在一些冲积扇上开深沟会挖出大块石头，回填土时，用自制8cm左右孔径的铁筛将碎石、土壤与大块石头分离，随后及时集中清除分离出的石头，再用挖掘机将沟两旁的表层熟土刨松，回填到种植行内，确保沟内土壤疏松充足（图3-3）。

图3-3 机械深翻整地

2. 山地果园

水平梯田保水、保土、保肥，便于灌溉，利于果园耕作管理。修筑高标准水平梯田是治理山区坡地、防止水土流失、建设山区高产稳产油橄榄园的根本措施。

山地果园的整地主要是沿等高线修筑梯田、水平台、反坡水平台、水平阶等形式，其结构由田面、田坎组成。较宽的梯田阶面由边缘的填方和靠里的挖方组成。填方田面土层深厚、疏松、肥力较高，是油橄榄最好的定植带。挖方面表层土壤全部被移走，土层瘠薄，甚至露出底土或母质，不适宜种植油橄榄，需要逐年间作绿肥等豆科作物，再通过深翻压绿改土、增加土层深度和土壤有机质等措施，培肥土壤。

修建水平梯田，首先要测量出地面坡度和等高线，再根据坡度和栽植行距，沿等高线规划出梯田阶面宽度，确定好每层梯田的基线和壁线。在土层薄的山地修筑石坎梯田、土层厚的山地修筑土坎梯田。石坎梯田的石坎耐久性好，应修筑成直壁式，即梯壁与水平面近于垂直，从而扩大阶面的利用率。土坎则以斜壁式的耐久性好，其阶面利用率相对缩小，但土层较厚，油橄榄根系所能伸展的范围也较大。

梯田阶面的宽度应根据原坡度大小、土壤条件和油橄榄品种而定。陡坡地田面宜窄，缓坡地田面可宽；土层薄的田面要窄，土层厚的田面要宽，坡面5°～10°的区域，田面宽20～30m；坡面10°～15°的区域，田面宽10～15m；坡面15°～20°的区域，田面宽5～10m；超过20°的山坡地宜开挖1～2m宽的水平台、反坡水平台或鱼鳞坑栽植高密度油橄榄生态林。

退耕地、撂荒地等原有梯田，重建油橄榄园时，按照油橄榄建园要求进行整地。首先做好区划，修复道路，配置排灌系统，整修梯壁，整平梯田田面。再按梯田等高线和田面宽窄，确定栽植行距和定植行的基线。尽量把定植沟的位置设在梯田阶面的填方区。对于活土层较薄、土壤黏粒下移沉积、耕作层下的土壤紧实板结不透气的地块，在栽植前1～2年进行深耕整地，深翻压绿改土，培肥土壤。较宽的水平梯田或采用带状整地，按行距挖深80～100cm、宽80～100cm的长条壕沟，把挖出的表层土与心土分别堆放在定植沟的左右两侧。在降雨量大的地区，为防止带沟积水，在沟底按定植坑的位置或每隔3～5m挖开洞沟，填入石块、矿渣、砖块或陶管砌成暗管道，通向下级梯田成为暗排水沟。回填土时把表土与秸秆、杂草或草皮等有机物混合后填入沟内起垄，垄高于地面30～50cm，以备填土沉降下陷，便于排水。

第四节 栽植密度

栽植密度的大小不仅影响油橄榄生长发育，更重要的是影响单株产量和单位面积产量。所以，采用有效技术控制下的合理密植，既是现代油橄榄栽培技术的基本要素，也是达到丰产的一项关键措施。

从我国引种栽培油橄榄的实践来看，栽植密度并非越密越好，密度超过一定限度，在尚未结果或结果初期，单株树冠和果园群体就已郁闭，光照变差，通风不良，病害感染和生理性落叶严重，造成产量低或不能结果。因此，栽培密度必须适当。在具体决定油橄榄栽植密度时，主要应考虑以下几项原则。

一、气候、地形和土壤

日照时间短、湿度大的地区宜稀植；日照时间长，较干燥的地区适当栽密一些。同一地区，平地、土层深厚肥沃、土壤通气性好的果园，生长势较强，树体高大，栽植密度不能过大，适当稀植较有利。山地果园，土壤肥力较低，多表现生长势较弱，应适当密植。上下间距较大的梯田，株距可小一些。

二、栽培品种的特性

不同的品种个体生长发育强弱不一，树高和冠幅差异较大。另外，油橄榄虽然都是喜光的阳性树种，但对光照时数适应的范围有差别，即有耐阴性强弱之别。这些都是确定栽植密度的重要依据。以树冠大小和耐阴性强弱分，佛奥>莱星>科拉蒂>鄂植8号>豆果>奇迹>阿尔波萨纳。实际确定栽植密度时，要了解品种特性，按不同品种的树冠大小和耐阴性强弱，合理设计栽植密度。

三、整形修剪方式

整形修剪对树冠发育影响很大，生产上以盛果期果园的树冠不郁闭为标准。如佛奥和莱星常采用5m×6m种植，所采用的株形不同树冠大小有差异。如同一品种佛奥自然开心形株形，其冠径大于单锥形。因此，同一品种在相同的栽培条件下，依整形方式确定初植密度，树冠大则稀植，反之应适当密植。

四、建园模式

建园模式不同，初植密度也不同。如传统的山地建园，栽植莱星、鄂植8号等品种，根据国家退耕还林的密度标准，一般为33株/亩，即株行距4m×5m；如佛奥、阿斯等大冠形品种采用自然开心形的修剪方式，株行距5m×6m或6m×6m；在坡度较大的山地采用窄水平台整地或地埂栽植，行距随地块而定，株距3～5m。在缓坡或平地建园，为了减少人工成本，便于采用机械化施工、管理和采收，提高前期单位面积产量，可采用现代集约化篱状栽培方式，选用豆果、奇迹、阿尔波萨纳等窄冠形品种，修剪成单锥树形或篱状树形，采用1.7m×4m、2m×4m、2.5m×5m、3m×6m的宽窄行配置。

第五节　配植方式

配植方式是指油橄榄品种单株与群体在果园中的配置形式，它对土地、光能有效利用和增加果园产量都有重要影响。在确定了栽培密度的前提下，可结合当地的自然条件和油橄榄生物学特性设计栽植方式。油橄榄栽培常用的配植方式有以下几种。

一、长方形配植

这是世界各国广泛应用的一种栽植方式，适宜各种类型的橄榄园。其特点是行距大于株距，商品果园常用4m×5m、5m×6m、6m×7m等，果园通风透光好，便于使用机械进行果园的各项栽培管理和采收。

二、正方形配植

该种配植方式适用于土地肥沃、排水良好、面积不大的平地果园。其特点是株距与行距相等，多用4m×4m、5m×5m、6m×6m、7m×7m等。果园通风好，光照均匀，便于栽培管理和采收，产量高，但不适合密植和间作栽培。

三、等高线配植

该种配植方式适用于山地果园梯田或地埂栽植，具体是沿等高线方向成行栽植，一般都是株距小、行距大。株距根据土壤和品种、树冠大小确定，较稳定；行距依梯田阶面的宽窄而定，变化大。

四、篱状配植

该种配植方式适用于矮化品种、集约栽培果园。其特点是小株距、大行距，株距不大于3m，行距3～6m。采用机械修剪，篱状整形，结果早、产量高，一般高产期为15～30年。

五、间作配植

油橄榄树与粮食、蔬菜、牧草等作物间种，单行或双行栽植，株距5～10m，行间宽（距）依农田宽窄而定，一般为10～30m，少数为50m等，行间宽度变化大。我国油橄榄适生区，应发挥自然条件优势，统筹规划，调整种植结构，在川坝河谷农业区应用林农间作种植，增加农民收入。

第六节 栽植时期

现在油橄榄苗全部为容器苗，一年四季均可栽植，但以新梢生长停止后至次年新梢生长之前定植最为适宜。甘肃、云南等干旱地区以雨季栽植为佳，这一时期的气温、土壤水分和温度适宜根系恢复生长，苗木成活率高。冬季有霜冻的地区，萌发新梢前春植；冬季无霜冻的地区，新梢停止生长后提前秋植，有利于新根生长，缩短缓苗期，提早结果。

容器苗带土球定植，不伤根，根系完整，栽后容易成活，不受栽植季节限制。甘肃省陇南市的生产实践经验表明，容器苗带土栽植，以春季3～4月份栽植较好，7～8月份高温干旱，起苗、运输、栽植过程中嫩梢易萎蔫回芽，栽植后缓苗重，缓苗期长，成活率低，二次发芽造成侧枝多、主干长势弱，生长慢，不整齐。

第七节 栽植方法

在预先经过深翻整地和培肥的园地上，按预定的株距确定定植点，以定植点为中心采用挖掘机或以人工方式挖定植坑，大小以略大于苗木根系为宜。

一、容器苗栽植

选择2～3年生的容器苗或带直径为50cm左右土球的大苗（树）。容器苗的栽植与裸根苗不同，苗木运输到定植点栽植时，去掉塑料容器（如果是无纺布可降解容器则不用解除），苗木根系的土坨不散落、不伤害根系，轻轻放入

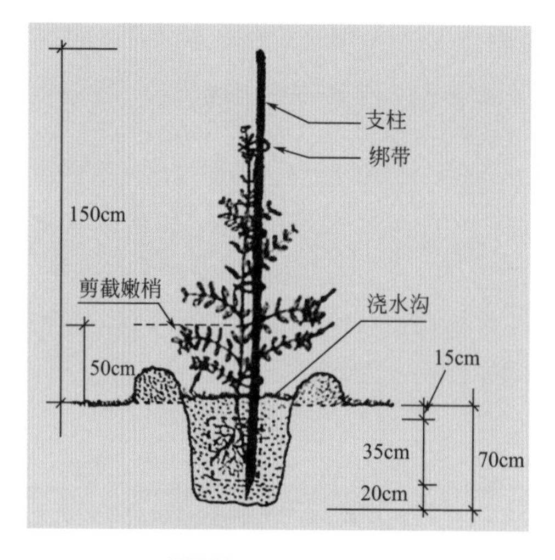

图3-4 油橄榄苗定植图

定植坑中心，在苗木周围培土，填满土坑，土回填到略高于原苗木土球平面为宜，不宜过深或过浅（图3-4）。

二、立扶杆绑直

油橄榄苗木主干柔软，容易倒伏，栽植后一定要绑扶杆。栽植后在植株旁土球外插入长约2m的竹竿或木杆作支柱，支柱必须插深、直立、牢固、抗风倒，用柔软的布带以三交叉法将油橄榄苗木的主干绑扎牢固，视苗木高低绑扎2～3道，剪除多余侧枝和基部萌发枝，以利保留的侧枝均衡生长，迅速形成单锥树冠。有条件的园区可在完成整地和施基肥后、种植油橄榄之前，在种植树行两端和中间，埋设镀锌防锈的钢管支架，分别在支架高于地面60～80cm和120～150cm的高处横拉两根包塑钢丝，固定扶直油橄榄苗干，防止橄榄苗灌溉后倾斜或被大风吹倒。

三、浇足定根水

随后在定植坑周围筑土埂，做成树盘（行）。按照“定植一棵（行），灌溉一棵（行）”的要求及时浇透定根水，使根部与周围的土壤紧密接触，保持足够的水分，确保苗木成活（图3-5）。

图3-5 定植后浇水

四、覆地膜保湿

等定根水下渗、表层土略干后刨平植树盘（行），清理干净石块，在树苗左右各覆盖宽1m的银黑双色反光膜（一面银色、一面黑色，银色面朝上），这样既有利于反射光照，增加光照度，保持土壤湿度和提高地温，提高苗木成活率，又对种植行内杂草的滋生有控制抑止作用。

五、套塑管护干

油橄榄苗干幼嫩，韧皮薄脆，易受日灼、农机具损伤和动物啃伤，影响树体生长。为了防止树干基部被太阳光直射、小型草食动物啃食和田间作业时农机具的碰撞擦伤，树干基部可套入长50cm的聚乙烯护管，并可在套管上标注品种代码（图3-6）。

图3-6 定植后套护管

第八节 栽后管理

栽植后1年内是苗木成活生长的关键阶段，需要精心管理，促进成活及快速生长。管理的主要内容有补植、扶直、整形、除萌、松土、保墒、除草、灌溉、排涝、施肥、防治病虫害、防冻等。

苗木定植后植株顶芽变长，表明苗木已成活开始生长。3～6个月内要检查苗木成活情况，发现死亡植株，要及时用同品种、同苗龄、同规格的苗木进行更换补植，以保证群体整齐度。发现有倒斜的幼树要及时扶直绑紧。对于根茎处的萌条、剪口处的萌芽要及时抹除，对于过密枝、交叉枝和过于强势、方位不正的大枝要及早疏除，培养成整齐划一的单锥树形。这种树形终生产量高，整形时要把握中心干的主导地位，始终保持直立的强生长势，疏除主干一侧的对生枝或轮生枝，使干周的侧枝分布均匀、长势均衡，主枝沿着主干螺旋式分布。通过夏季抹芽、冬季修剪控制树形，树高控制在3m以内，矮化树体可以节省人力成本。

只要栽植技术到位，温湿度适宜，加上精细管理，带土苗栽后10～15天即可成活生长。在此阶段可以施第一次氮肥，在每棵植株周围施约15g尿素；以后隔20～25天再施一次氮肥，用量同上，共施2次。一定要注意氮肥使用，一次不能过量，宜少量多次，以免“烧苗”影响植株正常生长或成活。如果发现小叶、卷叶、叶色不正、叶缘焦枯等症状，一般为缺素症，此时叶面要及时喷施磷酸二氢钾、高纯硼和镁、锌多元微肥。

土壤水分不足，表现为生长迟缓，可根据土壤墒情进行辅助灌溉，最好与施氮肥一起进行浇水。这样做有助于尿素溶解，减少耗损，促进植株的吸收能力，以满足植株快速生长对水肥的需求。高降雨地区栽植时要起垄栽培，雨季要注意排涝，切勿使根部积水造成烂根落叶。

要注意对栽植行进行松土保墒，清除杂草；保持果园卫生，防止病虫感染。按照“预防为主，综合防治”的原则，在冬季熬制石硫合剂，按照3～5° Bé的浓度对树体均匀喷洒，主干可涂刷“半量式（药液混一半水）”林木长效保护剂。在夏季高温高湿的气候下，喷洒多菌灵、甲基托布津等低毒低残留农药，可对油橄榄主要病虫害进行安全有效防治。秋季后要控制水肥，促使枝条充分木质化；冬季干旱时进行冬灌。在高纬度、高海拔、易发生冻害的地区或出现新梢旺长，在入冬极端低温到来之前，按照稀释150～200倍的比例，对全园的油橄榄树体喷施“悦地丰”抗寒防冻剂，每7天喷施一次，连续使用2～3次。栽植之后从第二年开始，应按照果园栽培管理技术规程进行管理。如图3-7所示为平地集约化橄榄园。

图3-7 平地集约化橄榄园

第四章 油橄榄土肥水管理技术

油橄榄在原产地是对栽培技术要求较高的一种果树，引种到我国后由于生境发生重大变化，对管理技术提出了更高要求。除建园前的园地选择、全面深翻整地、培肥改良土壤外，建园之后，果园的栽培管理更为重要，对油橄榄来说是“三分栽七分管”。油橄榄栽培管理主要包括两部分内容：一是以“养根”为中心的土、肥、水管理；二是以“保叶”为主的树体管理。

果园的栽培管理专指果园土壤管理、施肥和水分管理等，其中土壤管理是果园管理的核心。土壤是油橄榄根系生长、供给养分和水分涵养的自然载体。土层深厚，土质疏松、通透性好，氧气和水分适宜，则土壤中微生物活跃，土壤的有效肥力高，有利于根系生长和增强根系的吸收能力，这是提高橄榄树产量和果实质量的物质基础。

随着油橄榄树的生长和产量的提高，对养分的需要量也增加，经过连年吸收养分产果后营养物质随果实带走，土壤肥力会逐年降低，必须进行补充。因此要对果园进行土、肥、水管理，培肥土壤，以满足树体正常生长、结果需求。果园土、肥、水管理的主要措施，是不断扩大根际区土壤的深度及熟土层范围，疏松土壤，增加土壤的通气保水性，改善根系生长环境，促进根系向纵深伸展，提高吸收根的数量及其吸收功能。通过耕作和施肥，调节和供给土壤养分和水分，增加并保持土壤肥力和物理性能，达到丰产、优质、低耗的目标，提高果园的经济效益。

第一节　土壤管理

油橄榄的根系需氧性高，对土壤质地的适应范围很窄。虽然它能够在多种土壤上生长，但它不能适应细砂黏土（沙粒直径0.02～0.2mm，大于40%）或粉沙黏土（粉粒直径0.002～0.02mm，大于35%）。因为这两种土壤在雨季或灌溉泡水时，土壤的全部孔隙被泥沙淤塞，不通气，易发生烂根。干旱时，土壤温度高，土壤水分蒸发快，易干燥，地表板结开裂，土壤紧实度增加，极不利于根系生长，特别是吸收根系不能生存，凡是具有这种土壤的果园，油橄榄树都会长成“小老树”，落叶重，长势弱，易得“缺素症”，甚至不能结果。

土壤管理必须适合油橄榄生理生态学要求，选择适宜的土壤种植，或着重改良土壤的理化性质，以适应油橄榄的发育要求。

在油橄榄生长过程中，通过耕作来维持土壤良好的通气透水性，提高土壤肥力，是果园丰产优质的基础。如进行深翻改土、间作套种、中耕施肥除草、覆盖培土等作业。

1. 深翻改土

丘陵山地果园，栽前无论是局部整地，还是全面深耕整地，幼树定植几年后，土壤也会逐渐紧实板结，通透性降低，不利于根系生长，树体长势趋弱，产量低而不稳。因为油橄榄根系生长需要有80～120cm深的有效通气土层，吸收根80%集中在土壤剖面深20～60cm范围，才能平衡植株的正常生长和结果。在有效土层浅的果园，土壤紧实板结，通气孔隙率很低，根系分布浅，生长早衰。因此，进行深翻，增加土壤有机质，改良土壤结构，是提高土壤通气性的有效措施之一。深翻改土，可分为全园深翻和树行带状深翻，具体根据当地气候、土壤、栽植方式、树龄、劳力和经营状况选择使用。

（1）全园深翻　土质黏重时以全园深翻较好，翻耕深度20～30cm。深翻除雨季、高湿季节外，其他季节都可进行。但以气温和地温适应根系恢复生长的季节为最佳。油橄榄根系适宜生长的地温为18～22℃，在有利的气候条件下深翻压草，可增加土壤有机质和通透性，改善土壤微生物，且伤根易恢复，并可促进生长新根。

（2）树行深翻　指栽植行内的株间及其两侧的土壤耕作。挖大穴整地的果园，幼树定植后几年内，应继续在株间定植穴外进行深翻，以消除栽植穴之间的硬土层，以利根系生长。开沟深翻时，沟长与栽植行长一致，宽40～60cm，引导根系向行间伸展，增加根系营养面积。在深翻的同时施入有机堆肥，南方酸性黏土应加施石灰岩矿渣、碱性炉灰矿渣或石灰中和土壤酸性，以有效增加土壤肥力，改良土壤理化性质，促进树体生长，提高产量。

2. 间作套种

山地橄榄园，土壤冲刷严重，有机质缺乏，一般低于1.21%。提高土壤有机质含量是油橄榄果园土壤改良的最有效措施之一。成年结果期的油橄榄园，每年大约消耗2%的土壤有机质，及时补充有机质是维持和提高果园肥力的重要措施，可利用行间空地种植低秆豆类、蔬菜、绿肥作物，以增加土壤有机质、培肥土壤。

增加土壤有机质，首先是增施有机肥，如圈肥、堆肥、沤肥等。其次是增加新鲜的有机物和半分解的有机质，如秸秆、青草、枯草、灌丛等，割刈压青，深翻覆盖，时间多选择在开花前进行。最后是种植绿肥，绿肥作物种类很多，一般可划分为豆科、非豆科绿肥两类。豆科绿肥由于具有固氮作用，一直是首选的主要绿肥种类；非豆科绿肥主要包括解磷作用强的十字花科绿肥，富钾作用强的菊科、苋科和常用于与豆科绿肥混作的禾本科作物等。绿肥的肥效成分因其种类、翻压或刈割时期的不同而有很大的差异，一般是豆科绿肥的含氮量比非豆科绿肥高，菊科、苋科绿肥的含钾量较高，叶的营养含量高于茎，地上部营养高于根部。

3. 中耕施肥除草

进行土壤中耕是改善土壤水分和空气状况，提高土壤肥力的有效措施之一。中耕时期依当地气候安排，一年四季均可进行。

（1）冬春中耕　中耕前将沤制成熟的有机肥均匀撒施于地面上，每亩用量为2000～3000kg，用拖拉机耕翻深度30cm，把肥料翻入土壤层内，耕后耙平。果园耕翻可保持土壤水分，增加土壤肥力，促进油橄榄新梢生长、开花、结果，为果实发育提供充足的养分和水分，提高果园产量。

（2）夏秋中耕　宜在雨季前或雨季过后进行。在树冠投影以外的株行间全面耕翻，耕深25～30cm。耕翻前全面撒施复合肥，每亩1000～2000kg，耕作时把肥料翻入土层内。南方在耕翻后晒垡，熟化土壤，入冬后耙平保墒。果园耕翻能改土培肥、保墒，扩大根系吸收面积，增强树势，提高产量。秋季施肥耕翻较未耕翻的地块，钟山24油橄榄新梢生长量增加168.4%，平均单株产量增加196.6%，效果明显。

中耕的主要目的在于疏松土壤，增加土壤空气交换，以利须根生长，提高吸收根的吸收能力；同时，经过中耕消除田间杂草，减少水分和养分的消耗。中耕次数应依当地的气候、土壤质地和杂草多少而定。中耕深度一般为10～20cm。沙土、壤土全年中耕1～2次，黏土2～3次。中耕最适宜的时期是在杂草出苗期和开花期，能消除大量杂草、减少除草次数及来年的杂草萌发率。但在南方多雨地区，特别是山地果园，中耕不当也会导致土壤被冲刷。北方干旱地区宜在雨季前扩翻树盘，避免水肥流失。

4．果园覆盖

生产实践表明，果园地面覆盖可减轻土壤冲刷，增加土壤有机质，促进微生物活动，改善土壤结构，增加土壤通透性，提高保肥、保水能力，为根系生长发育提供良好的生态环境。覆盖是果园土壤管理中增加土壤有机质、改良土壤结构的重要措施之一。

果园覆盖，通常采用绿肥作物、杂草、秸秆和塑料薄膜等有机质和无机物为覆盖物，在果树的树盘和行间进行覆盖。农户小果园，常用堆肥是以杂草、树叶加泥土、果渣等为原料，充分发酵后覆盖树盘。也可在树盘和树行内盖草，树行间间作、铺地膜、铺防草园艺地布等。覆草厚度10～20cm，覆草后盖一层薄土，任其自然腐烂。一些机械化耕作的果园，春夏季用收割机割草后将碎草撒于园中，秋后结合施基肥翻耕把覆盖物翻入土层内。

干旱区的山地果园，春季用塑料薄膜覆盖树盘，可保持土壤水分，提高土壤温度，这对促进油橄榄树新梢生长、花芽分化和开花结果，提高坐果率具有较好的效果。

无论是秸秆、杂草覆盖还是地膜覆盖，都有它的不足之处。树行、树盘长期盖草易招致病虫及鼠害，需要注意防治。另外，长期使用含氮量少的作物秸秆、杂草等覆盖物进行覆盖，在微生物分解有机质的过程中，会使土壤中的氮素减少，影响果树生长。因此，果园覆盖物最好用含C/N小的有机质，如豆科绿肥等，使有机质得以腐烂分解、释放养分给土壤。

地膜或防草地布覆盖需要1～2年更换1次，采用此方法，土壤肥力下降较快，需要加大施肥量，雨养农业区对自然降水的利用率低、南方高温多雨区影响土壤通气透水性，应根据当地的气候和土壤条件，选择适合的覆盖材料和方式才能收到良好的效果。

第二节　施肥技术

油橄榄在生长发育过程中需要不断地吸收养分，以满足其营养生长和开花结果的需要。其所需的基本营养成分为氮、磷、钾和钙。其次，还有一些微量元素如镁、铁、硼、锰、锌等，都需要适宜的量才能保证树体的正常生长和开花结果。一般本着“缺啥补啥，缺多少补多少”的原则施肥，既要保证营养生长和生殖生长所需，又不能出现土壤“富营养化”，要做到这一点就要确定“经济施肥量”，国际上常用的方法是叶片营养诊断法。

一、营养诊断

现代普遍应用叶片营养诊断法指导科学施肥。通过叶片分析可以精确测定植株所吸收的营养元素量的变化规律与产量的关系，来确定树体的营养诊断指标，作为指导施肥的理论依据。因此，根据营养诊断标准计算的单株施肥量，实际上是实现目标产量的营养平衡施肥量，是世界上通用的科学施肥方法和施肥量。

各地土壤、气候、降雨等生境因子不同，诊断指标的确定也略有差异。表4-1～表4-3中提供的是世界各油橄榄主产国的油橄榄营养诊断标准（参考邓明全、俞宁主编的《油橄榄引种栽培技术》）。

表4-1　希腊油橄榄营养诊断标准

营养元素（以叶干重计）	单位	适宜值范围
氮（N）	%	1.8～2.0
磷（P）	%	0.12
钾（K）	%	0.8～1.1
钙（Ca）	%	1.0～1.2
镁（Mg）	%	0.15
硼（B）	mg/kg	17～20
锌（Zn）	mg/kg	25
锰（Mn）	mg/kg	40～50
铁（Fe）	mg/kg	80

注：1.休眠期叶样分析；2.希腊农业部亚热带果树、油橄榄研究所油橄榄营养诊断标准。

表4-2　西班牙油橄榄营养诊断标准

营养元素（以干重计）	单位	缺	较缺	适量	中毒
氮（N）	%	＜1.0	1.2～1.4	1.6～1.8	＞2.1
磷（P）	%	＜0.02	0.04～0.06	0.08～0.11	＞0.2
钾（K）	%	＜0.3	0.4～0.5	0.7～0.9	＞1.3
钙（Ca）	%	＜0.4	0.6～1.0	1.3～1.6	＞2.0
镁（Mg）	%	＜0.06	0.07～0.09	0.11～0.15	＞0.3
硼（B）	mg/kg	＜7	8～10	13～19	＞100
锌（Zn）	mg/kg	—	—	12～20	—

续表

营养元素（以干重计）	单位	缺	较缺	适量	中毒
锰（Mn）	mg/kg	—	—	15～50	—
铁（Fe）	mg/kg	—	—	30～80	—
铜（Cu）	mg/kg	—	—	7～12	—

注：1.休眠期叶样分析；2.西班牙塞维利亚全国土壤学及应用生物学研究中心油橄榄营养标准（Troncoso，1985）。

表4-3　美国加利福尼亚州油橄榄营养诊断标准

营养元素（以干重计）	单位	缺乏	充足	中毒
氮（N）	%	＜1.0	1.5～2.0	
磷（P）	%	＜0.02	0.10～0.30	
钾（K）	%	＜0.3	＞0.80	
钙（Ca）	%	＜0.4	＞1.00	
镁（Mg）	%	＜0.06	＞0.10	
锰（Mn）	mg/kg	＜7	＞20	
锌（Zn）	mg/kg		＞10	
铜（Cu）	mg/kg		＞4	
硼（B）	mg/kg	14	19～150	185
钠（Na）	mg/kg	—		＞4
氯（Cl）	mg/kg			＞4

注：1.七月份叶样分析；2.Freeman等，1994。

我国油橄榄适生区可参照以上标准，试验制定适合本地施肥的营养诊断标准。

二、各种肥料及其施用量

1. 氮肥

幼树生长期最需要氮（N）肥，氮肥适量，幼树生长快而健壮，进入结果期早；而缺少氮肥，生长缓慢，枝细叶小，长势弱，延迟结果或不能正常发育果实；但如施氮肥过多，长势旺，抗逆性弱，延长了生长期，结果晚，产量低。氮肥需要年年施用，以少量多次为宜，避免造成肥害。从栽植后第二年起，每株树每年施150g尿素（有效氮含量46%），其中100g在生长期到来前20～25天（武都为3月初）内施用，其余50g在坐果后6月份果实膨大期施用，撒施在离树干基部20cm以外宽20cm、深10cm的区域内，施肥后立即浇水，稍干后松土、除草。

栽植后3～4年，每株树每年施尿素250～350g，其中2/3在春季萌芽生长前20～25天施用，其余1/3在坐果后施用。把肥料均匀撒在距树干50cm以外的树冠投影面积内有吸收根的部位，深施于5～10cm土层内，施肥后立即浇水，稍干后松土。无灌溉条件的果园施肥后立即松土，把肥料与表土混匀，利用土壤水分和夜间湿度凝结的露水溶化肥料，也可在坐果后至果实膨大期叶面喷施0.4%～0.6%的尿素水溶液，每半月一次，共喷2～3次（可参照表4-1～表4-3）。

2．磷肥

施磷（P）能增强树体的抗寒性。油橄榄植株对磷的需要量比氮和钾元素少得多，平均产果1kg，需要吸收3.3g磷（P_2O_5）。而且在周年生长期中，磷元素在各部位器官中变化很小，尤其是在树叶内磷元素含量比较稳定。因此，在生产实践中植株的缺磷现象很难被发觉。如果植株生长中缺磷，会使植株的新陈代谢严重失调，表现为生长缓慢、节间变短、叶片卷曲、植株矮小、推迟结果等。可结合叶片分析的资料，综合分析判断是否缺磷（可参照表4-1～表4-3）。

生产中常用的矿质磷肥大致可分为水溶性、弱酸性和难溶性三种类型。磷肥施用量按单株目标产果量计算，例如，18年生米扎品种，单株平均产果量40kg，则1株树的施肥量为132g（P_2O_5）。一般适宜在秋天雨季过后施用磷肥，每隔1～2年施1次，将磷肥与有机肥混合堆肥或沤制后施用最好。施肥之前，要对品种、生长和根系发育情况、土壤条件有深刻的了解，便于施肥时设置施肥沟的方向、宽度和施肥深度，做到集中施肥和合理施肥。

3．钾肥

钾（K）在调节植株耗水程度，提高树体各部位器官的保水、吸水与水分输导能力方面起着重要的生理调节作用。钾充足，植株就能忍耐高温和提高抗病能力，特别是能增强抗孔雀斑病危害的能力以及耐旱耐寒能力。土壤中钾含量较氮、磷丰富，在正常栽培条件下，油橄榄很少出现缺钾症状。叶片营养诊断指标可参照表4-1～表4-3，低于这个标准就可能缺钾，缺钾的一般现象为叶片细胞失水，叶绿素破坏，叶尖和叶边缘开始发黄，严重时叶片变褐，最后枯萎、脱落。

常用的矿质钾肥有硫酸钾、氯化钾、窑灰钾肥、草木灰和复合磷钾肥等。硫酸钾和氯化钾含钾50%～60%，窑灰钾肥含钾8%～20%、含钙30%～40%。钾肥的有效施用量按生产1kg果实需要的钾元素的量×单株产果量计算。例如，18年生米扎品种1kg果需要钾元素16.6g，目标单株产量35kg，则单株钾肥施用量为581.0g/株。钾肥作基肥宜在果实采收后的冬季结合深翻改土施入。钾肥与有机肥混合施用效果更好。采取沟施或面施，要把肥料深施于根群附近。钾在土壤中滞留时间长，吸收缓慢，一般同施磷肥一样，间隔2～3年施一次。叶面追肥宜在生长期进行（应避开花期），如施用磷酸二氢钾，叶面施肥浓度为0.3%～0.5%，喷施次数与施肥效果相关，一般每隔10～15天喷施一次，3～5次见效。

4. 钙肥

油橄榄是嗜钙（Ca）果树，在钙质土壤中生长较好，产果量高。油橄榄是对钙最敏感的树种之一。因为土壤pH较低而对油橄榄植株生长产生有害影响时，可以通过施钙肥得到缓解。钙肥中常用的是石灰，有生石灰、熟石灰和石灰石粉等多种。此外还有炉渣、硝酸钙等钙肥，这些钙肥均适宜油橄榄园施用，施用量可参照表4-1～表4-3。

5. 镁肥

镁（Mg）是油橄榄矿质营养中必不可缺的元素之一，它通常是以离子态被根系吸收。在光合作用所必需的叶绿体中，含有2.7%的镁，镁使叶片呈现绿色。镁在植株其他养分的吸收上起重要作用，它在植株中是磷的载体，并能促进油脂的形成，也参与淀粉的转移。

油橄榄种植区的土壤普遍缺镁，缺镁的植株生长明显缓慢，并逐渐出现黄萎病叶，接着出现叶片下垂脱落。

常用的镁肥有硫酸镁、硝酸镁等。镁肥可基施或叶面喷施。平均产果30kg的树，每株树施硝酸镁1.2～1.5kg，或者用浓度为2%的硝酸镁溶液滴灌施肥。叶面追肥用0.3%浓度的硝酸镁水溶液喷施。生长期内（应避开花期）定期追肥3～5次，可消除缺镁症状。

6. 硼肥

全国的油橄榄种植区都不同程度地发生过缺硼现象，严重影响油橄榄的正常生长发育及产量。硼（B）是油橄榄的微量营养，它在营养生理代谢中起着重要作用。硼能促进花芽分化和细胞分裂，增强花粉粒的活力，促进种子、果实或纤维的形成，参与碳水化合物和水的代谢以及蛋白质的合成。

缺硼所产生的生理障碍比较明显，根尖、茎尖首先受害，新梢顶端枯萎，刺激新梢的侧芽萌发，形成节间极短的细弱小短枝。新生小短枝的顶端继续焦梢枯死，侧芽再次萌发，形成多级的假二叉分枝，同时整株树冠的叶片变成淡绿色，叶尖由最初时的黄萎到尖端坏死，叶片下垂。严重时树干和树枝的韧皮组织变成棕褐色坏死，进而导致整株树枯死。

油橄榄原产地和引种区，硼营养诊断指标都有一定的适宜范围。根据表4-1～表4-3，叶片中硼的正常范围为希腊17～20mg/kg、西班牙13～19mg/kg、美国加利福尼亚州19～150mg/kg。当植株出现缺硼症状时，可在萌芽前向每株树的根区土壤施硼砂200～400g，即可矫正，但此方法不治本，还要在生长期内增施油橄榄专用肥2～3次加以改善。最好的办法是选择适宜的气候和土壤种植，并增加土壤有机质，改良土壤结构，加强栽培管理，这是克服缺硼症的根本措施。

7．有机肥

大多数橄榄园都选在弃耕地或荒山荒坡，土壤有机质含量在1%以下，约为油橄榄土壤有机质营养平均水平的1/2。而土壤结构不良、肥力低，会严重影响油橄榄正常生长结果。增加土壤有机质和增施有机肥是全面提高土壤有效肥力的根本措施。这是因为土壤的物理性状和肥力高低能否满足油橄榄正常生长和结实的需要，都与土壤有机质的丰缺有关。

足量的土壤有机质可增强土粒之间的内聚力，促进团粒结构形成，调节土壤pH值，提高离子交换量，保持土壤水分和氧气，激发微生物活力，有利于植株对土壤中营养元素的吸收。同时，有机质在不断的分解中促进了微生物活动，进而可向周年生育过程中的树体均衡地供给氮、磷、钾、钙以及多种微量元素。因此，土壤有机质是土壤肥力的基础。

有机肥是指含有一定量的有机物质和矿质元素的肥料。动物粪便、厩肥是最好的肥料，但来源有限，可由其他有机肥料代替，例如农产品加工业的各种有机废物、打碎的杂草、堆肥、沤肥等。这类肥料的优点是：原料来源广，可就地取材，施肥量多，养分齐全，成本低，质量好。近年来兴起的利用牛、羊、猪、鸡粪便以及集中屠宰场废物生产的成品有机肥，运输、施用方便，肥效稳定，既能增加土壤有机质，改良土壤结构，又能增肥增效，这对促进油橄榄生长、提高产果量的作用非常明显。

需要强调的是，果园施肥要与其他栽培技术紧密结合、综合施策，其中种植园地和品种选择是基础，整地、栽植、整形修剪和水分调节是手段。这些最基本的栽培技术不能忽视，特别是对生长不好、结果不多或产量低而不稳的低产园，常归咎于营养失调。其实，品种或种植地点不适合，气候和土壤条件不适宜，管理技术有错误或技术应用不到位等，都是引起生长不良和不结果的重要原因。

由于传统的开沟施肥费工费时，费用很高，一般采用省工的冠下撒施。近年来又兴起了水肥一体化施肥灌溉技术，把比例施肥设备与灌溉系统连通，将水溶性肥料按比例混入灌溉水中，达到了施肥与灌溉同步、省肥又省水的目的。这些内容将在下文介绍。

第三节　排灌技术

在我国的多数油橄榄种植区，水是制约油橄榄结果与丰产、稳产的关键因素。群众常说：“有水才有果！”。在花芽形成、开花坐果和果实生长期，干旱几乎常年发生，严重地影响了油橄榄正常的生长和结果，所以在干旱时必须加以人工灌溉。而在另一些降雨量大的高湿地区，还要考虑排水防涝、调整土壤湿度，为油橄榄生长提供适宜的水分条件。

一、灌溉量与灌溉时间

根据油橄榄的需水规律、年降水量和土壤水分状况试验制定灌溉定额，确定灌溉时期和灌水量。

1. 油橄榄需水规律与需水量

油橄榄需要水分最多的时期是花芽分化期、开花坐果期、果实膨大期和油脂形成期，占总需水量的70%左右。如果当年出现冬、春季干旱，则能引起子房、雄蕊发育不全，完全花比例下降，花粉活力下降50%～100%。开花坐果后到胚体（种子）形成期，细胞分裂旺盛，如果遇到天气高温干旱，土壤容水量不足，则能引起大量落果而减产。

果核变硬之后，生长趋缓，果肉细胞加速生长，果实体积膨大和油脂形成期如果天气干旱，土壤水分不足，不仅影响果实发育，使得果实体积小，含油率低，还会引起大量落果，降低产量。可见，油橄榄年生长周期中不同生育阶段的需水规律是合理灌溉的依据。科学调节果园水分状况，适时适量地满足果树需水要求，可减少落果，促进果实生长发育，确保高产稳产。

2. 降水量与需水量

油橄榄的灌水时期和灌溉量与当年的降水量及其分布状况有关，同时，也取决于油橄榄年生育期内的总需水量。油橄榄年生育期内各生长发育阶段都需要水分，大约需要相当于全年降水量的650mm（富含有机质的沙壤土）至860mm（黏壤土），陇南正常全年降水量474.6mm，因此大约400mm的水需要灌水来补充。从全年降水量分布特点看，春季（3～5月份）占全年降水量的23%（109mm）；夏季（6～8月份）占49.7%（236mm）；秋季（9～11月份）占26.1%（124mm）；冬季（12月至翌年2月份）占1.3%（6mm）。这一规律近年来随着秋季降雨量增加和秋雨期后移延长有所变化，冬季成为降水很少的干旱季节，而春季正是油橄榄花芽分化和开花坐果期，却因前期（冬季）极为干旱，土壤和树体水分减少，造成花芽分化和开花坐果期内缺水。显然，冬季和春季都必须灌水，而且要制定科学合理的灌溉定额：

第一次，在开花前3个月（12月中下旬），灌水量120mm（1200m^3/hm^2）。灌水前增施基肥，补充土壤肥力，满足花芽分化需要的水分及养分。

第二次，在开花前40天（2月下旬），灌水量100mm左右。灌水前施氮肥，保证花芽分化和开花坐果的水分和养分，提高授粉和受精能力。但在接近花期或花期内不宜灌水，以免影响开花坐果。水分过多可引起严重的落花落果。

第三次，在开花后20天左右（6月上旬），灌水量100mm，以满足胚体发育期的水分需要，防止落果，提高坐果率。

第四次，是在核硬期（7月下旬或8月上旬），如降雨量不足或伏旱，必须灌水，灌水量100mm，以保证果实发育和油脂形成期所需水分，提高果实含油率。

3．土壤水分与灌水量

土壤水分对果树生长的有效性主要取决于土壤水分含量的多少。可凭经验用手测法判断，作为是否要灌水的参考指标。如土壤为沙壤土，用手紧握形成土团，再挤压时，土团不易碎裂，表明土壤湿度在60%以上；如果手指松开后不能成团，则表明土壤湿度太低，需要灌水。如果是黏壤土，手握土时能黏合，但轻挤压容易发生断裂，这表明土壤湿度较低，需要灌水。

灌溉时，应使水分到达主要根系分布层，尤其是在冬春季降水少的干旱季节，土壤干旱的果园更要注意一次灌透水，以免因多次灌水引起土壤板结和降低土温，影响油橄榄树生长。灌水后表层土稍干时进行松土除草和树盘覆盖，以利保墒和土壤通气。

二、灌溉方法

根据果园地形、土壤物理性状（渗透性和土壤持水性等）和油橄榄树的生态学、生物学特性等选择适合的灌溉方法。坡地果园、渗透性低的黏土，既不适宜地表漫灌，也不适宜喷灌。漫灌或喷灌不仅提高了成本费用，浪费水资源，也会引起水土流失、土壤板结不通气，降低土壤肥力，影响生长结果。另外，油橄榄对土壤渍水、真菌病害较敏感，不适宜的灌溉方式，会形成土壤积水，或造成树冠层空气湿度过大，引起真菌病害感染，叶、花、根系感病腐烂，树体枯死。盘灌、滴灌和水肥一体化等灌溉方式，较适宜我国油橄榄种植区的气候、水源和土壤条件。

1. 盘灌（树盘灌溉）

以树干为中心，沿树冠投影面积的边缘筑土埂围成圆形或方形的树盘，树盘之间与灌水沟相通或使用移动塑料管使水流入树盘内。树盘的深度依灌水量而定，如需要灌水100mm的水层，树盘的深度应为20～25cm。筑土埂围树盘时，先将树盘内的表土起出一层，堆放在土埂上，起土时最好以见到表土层的根系为止（不伤根），以利渗水；再从株行间起土加高土埂，达到土埂的高度为止。灌水后，待土壤表面半干半湿时，耙松表土，防止板结，保墒通气。此法适于山地、平地果园，但浸润土壤范围较小，不省水，人工成本高。对于健壮的结果树，要扩大树盘面积、增加树盘深度，适度增加灌水量才能满足要求。

2. 漫灌（小区漫灌）

根据果园地形、水的走向，以单株或多株为小区，筑土埂围成正方形或长方形灌水区进行小区漫灌。小区灌水均匀，浸润层厚，有效期长，不会有水、土、肥流失，节水保肥。灌水后，待土壤半湿时，耙松表土保墒。此法适合川坝区河流两岸水源充足的平地果园或不太平的果园使用。这种灌溉方法树行间无土埂，便于通行、管理及间作。常用这种方法通过深度渗透水的作用来冲洗盐碱性土壤。

3. 滴灌

滴灌是在一定的微压力下，水通过管道输送到给水器，经减压后形成水滴注入土壤的一种灌溉方法。水滴注入土壤后一部分被根系直接吸收，大部分被土壤毛细管吸收。当灌水量达到田间持水量（毛管悬着水达到最大量）时，即停止灌水。这时土壤里的空气和水分处于平衡状态，最适宜油橄榄树生长结果的需要。

滴灌系统的主要组成部分为：供水系统、压力系统、过滤器、水量控制器等。滴灌的田间给水系统有等距式滴灌带和管上式滴头，都带压力补偿装置，不受地形地势和水头远近对压力的影响，保证了滴头供水均匀。等距式滴灌带在工厂安装完成，成本低，安装简单；管上式滴头的距离可根据橄榄树株行距、树冠大小自由安装，供水量一般在4～8L之间选择。

滴灌与其他灌溉方式相比，可节水50%以上，不会引起水土流失和破坏土壤结构，可使土壤中的水分和空气保持平衡，能有效满足油橄榄树生长结果期的土壤水分和需氧量。另外，还能把肥料溶于水中进行滴灌施肥，提高肥料利用率。因此，对油橄榄来说，滴灌是最好的灌溉方式之一。山地、平地或水源不足的果园，采用滴灌最为有利。但滴灌设备、安装和使用维护费用较高，灌水期短或临时补充灌水的小果园，采用简单的滴灌设备比复杂的设备更好，既节省又实用，如图4-1所示。

图4-1　滴灌

4．果园排水

在南方降雨量较大、空气和土壤湿度较大、地下水位较高的黏性红壤地区的平地或者缓坡地建设橄榄园，整地时就要考虑排水问题。一般采用起垄栽植、高台栽植、顺坡栽植、避雨栽植和开沟排水等方式，确保地块不积水、雨季不渍涝、根部不泡水，为油橄榄生长提供适宜的环境条件。

第四节　水肥一体化

水肥一体化灌溉施肥技术是现代集约化油橄榄栽培的一项关键技术，20世纪60年代初，以色列就开始普及水肥一体化灌溉施肥，设备及技术领先于其他国家。近年来，我国的水肥一体化装备及技术应用发展很快，已在旱区果树、花卉、温室作物、大田蔬菜和大田作物上广泛应用，取得了显著的节水和增产效益，形成了适合于我国的装备制造、水溶肥生产、示范推广、安装培训等一系列技术服务体系。

“我们只给作物施肥喝水，而不是给土地”，这是以色列水肥使用管理的先进理念。这一理念的特点是：直接将水和营养送到作物的根部，利于吸收；水和营养深层渗透，降低蒸发率，防止水土流失；能更有效、准确地提供水与养分，植株获得等量的水和营养，提高产量和品质，是实现农产品标准化的重要手段；操作简单，节水、节肥又节约能源，还节省大量劳动力，降低生产成本；可防止土壤侵蚀和盐碱化等。

我国的油橄榄适生区大都处于干热河谷区，光热资源丰富，但降雨量小，蒸发量大，土壤干旱，自然降水满足不了油橄榄正常生长结果所需。2013年3月，陇南市经济林研究院油橄榄研究所组织科技人员参加了中国（北京）国际灌溉技术展览会，并与以色列耐特菲姆公司（NETAFIM）、美国雨鸟公司（Rain Bird）进行了设备选型的意向性业务洽谈，又邀请希腊地中海亚热带植物和油橄榄研究所的灌溉专家考斯塔斯进行系统设计，上海绿浥农业科技有限公司施工，在地处白龙江干热河谷区的陇南市建成了水肥一体化油橄榄示范园，随后，陕西佳田农业科技有限公司中标又在礼县西汉水流域建成了水肥一体化中试基地，现以这两个园区为例对水肥一体自动化灌溉系统做一介绍。

一、灌溉系统

自动化水肥一体灌溉系统包括首部（变压器、机井、泵房、主管道）和主控机房、自动化控制系统、压力水泵、过滤器、施肥机、肥料罐、田间支管道、电磁阀、滴灌管（带）、悬挂式微喷、地插式微喷等主要设备。

1. 过滤系统

过滤设备是灌溉系统得以长期、安全可靠运行的关键设备，有离心过滤器（图4-2）、沙石过滤器（图4-3）及一、二级组合过滤模式等，过滤精度为120

图4-2 离心过滤器

图4-3 沙石过滤器

目。自动反冲洗离心过滤器作为一级过滤器，其过滤效果好、运行可靠，寿命长，节水、节能，维护费用低，抗腐蚀，耐久性强，安装简便快捷，适用于工业、农业、城建、园林等各种水源的过滤。沙石过滤器作为二级过滤器，是利用一定厚度的砂滤床，滤去原水中的有机物和无机物固体悬浮物，其结构简单，技术成熟，性价比高，过滤水质达到120目以上，应用领域广泛。

过滤器采用时间、压差等多种方式自动启动反冲洗，全自动运行，系统内各过滤器单元依次进行反冲洗，反冲洗时不中断产水，水帽分布均匀，布水均匀，反洗无死角，效率高，时间短，用水少，重量轻，安装方便。

2．阀门系统

阀门系统是保证系统自动、精确灌溉的关键设备。本系统使用以色列耐特菲姆公司（NETAFIM）生产的昆特阀（图4-4），采用液压三路控制，可大范围调节压力和流量，内置压力调节器，配有0.7～4.5bar（1bar=10^5Pa）范围内的调节钮；手自一体；三元乙丙橡胶隔膜，防腐性强。

图4-4 电磁阀（昆特阀）

3．施肥系统

目前橄榄园中常用的施肥系统有施肥机（图4-5）、比例施肥泵（图4-6）和文丘里施肥器，设备包括施肥器、搅拌器、混肥桶、施肥桶、肥料过滤器等。施肥机可实现N、P、K及中微量元素的自动配伍，采用计算机程序控制，能实现精准施肥，便于开展施肥试验，主要以科研为目的，设备成本高，自动化程度高，操作复杂，维护费用高。

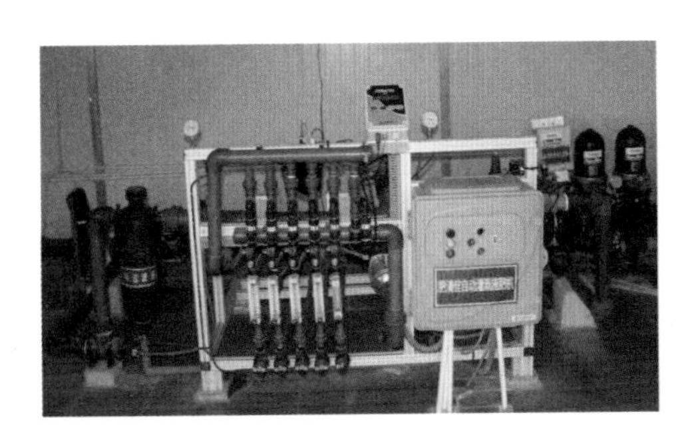

图4-5 施肥机

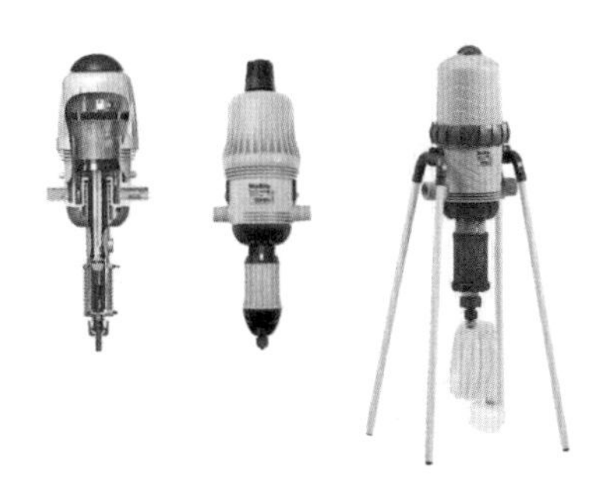

图4-6 比例施肥泵

比例施肥泵安装在供水管路中（串联或并联），利用管路中水流的压力驱动，比例泵体内活塞做往复运动，将母液按照设定好的比例吸入泵体，与灌溉水混合后被输送到田间管路。比例施肥泵的优点不仅体现在它可以恒定、均匀、成比例地注入肥料，更在于其应用的灵活性。无论是简单的灌溉系统还是在自动化的灌溉系统中均可使用比例施肥泵，且无需电源，配料精准，可按设定比例自动进行肥水灌溉；可随时更改剂量及肥料品种，而无需改变灌溉系统或控制方案；可灵活快速地投入使用；安装方便，固定式或移动式均可。

4．控制系统

控制系统有全自动程序控制器（配置计算机、操作系统）和无线全自动远程控制器，通过计算机或移动网络进行远程移动端及计算机端操控。

图4-7 无线阀门控制器

LPWAN无线阀门控制器（图4-7）是一个小尺寸、灵活的无线阀门控制器，该控制器是基于LPWAN广域网技术、微安级超低功耗设计的一款产品，提供了灵活的组网能力，广泛适用于园林绿化、消防、农业、花园等场合，可在海拔2000m以下正常工作，控制延时2～15s，工作电压在6～24V可调，控制电磁阀线长小于50m，可实现4个独立灌溉编程，每站灌溉运行时间1～240min，灌溉水比例可调范围为10%～100%，支持实时控制开关、实时参数设置开关。

5．灌水器系统

灌水器是实现精准灌溉的核心部件，有悬挂式微喷、地插式微喷、等距式滴灌带、管上式滴头等。

图4-8 悬挂式微喷

（1）悬挂式微喷　悬挂式微喷（图4-8）多用在株行距较大、行间间作育苗、处于幼树期的橄榄园中，施工时在植树行两头和中间安装3m高支架，拉一根钢丝，将其悬挂于钢丝上，达到工作压力时旋转喷洒，模拟天然降雨。悬挂式微喷的优点是灌溉均匀，可进行叶面施肥，不影响地面作业，缺点是安装成本高，随着油橄榄树长高和树冠扩大会造成灌溉水遮挡影响均匀度，施肥时浓度不宜太大，避免烧叶。

（2）地插式微喷 地插式微喷的旋转喷头安装于插地扦上，一般离地面30～100cm，管道铺设于地面，油橄榄树小时喷头安装在树下主干处，橄榄树长大后移在树冠投影下，每株树可安装2～4个，安装位置可移动。其优点是不受地形和树体影响，灌溉施肥均匀，便于清洗，缺点是对果园作业有影响。

（3）等距式滴灌带 厂家生产等距式滴灌带时，就已经将滴头按一定距离（30～50cm）热粘镶嵌在塑料管带上，安装时沿树行布设，优点是成本低，安装简便快捷，缺点是不抗老化，寿命短，有些需要一年一换，树下有效滴头少，随着树龄增大需安装两条平行管带，滴头堵塞后难以检查，无法修复，只能从堵塞处剪断重接。

（4）管上式滴头 管上式滴头是在田间供水支管上按株距大小自由安装滴头，在地形地势比较复杂、相对高差大的地块采用压力补偿式滴头，内设迷宫型紊流流道和注塑硅胶弹片，可实现压力调节，达到等压等流目的，这种压力差分专利技术的压力补偿系统可保持在不同的进口压力（在建议的工作压力范围内）条件下均一出水，保证了水、肥的精确供给；每个滴头的流量可选用4～8L/h，工作压力0.5～4.0bar；迷宫型紊流流道保证了大水流通道，大、深及宽的流道断面改善了抗堵性能；滴头数量可随时增加，以便根据油橄榄树的生长速度而增加给水量。

二、安装施工

安装施工具体包括施工前期准备、测量放线、支管道开挖及回填、支管道安装、田间首部安装、灌水器铺设、田间阀门安装、试水调试、人员培训和竣工验收等。

1. 管槽施工

（1）管槽开挖 管槽施工应按施工放样轴线和槽底设计高程开挖，使槽底坡度均匀，确保管道排空无积水，主管地埋深度南方温暖地带可浅、北方寒冷地带可深，为了避免机械施工损伤，管槽开挖一般深0.6m，主干和分管槽宽不宜小于0.6m，应清除槽底部石块杂物，并进行整平，清除砾石后用细土回填夯实至设计高程。开挖土料应堆置管槽一侧，固定墩坑、阀门井开挖宜与管槽开挖同时进行。

（2）管槽回填　管及管件安装过程中应在管段无接缝处先覆土固定，待安装完毕，经冲洗试压、全面检查合格后方可回填，回填必须在管道两侧同时进行，严禁单侧回填。

2. 跟班培训

灌溉系统安装是一个系统的安装工程，科学设计、精心施工、正常运转是取得灌溉系统成功的三个重要步骤。为了保证系统正确、正常运转，发挥设备的最大效能，基地管理员应从施工前到施工结束后全程参与，做到跟班培训，清楚管路走向，了解设备安装及其性能。在施工前的开工前期准备工作阶段，要和基地现场管理人员进行设计沟通，让参与此工程的所有人员了解项目的基本状况。施工开始后要求基地委派至少一名管理员跟随，了解管道的分布走向以及阀门的安装位置，一些关键安装节点必须在场。工程安装结束后，对基地所有管理员集中进行灌溉理论培训、现场设备操作规程培训、反复实际操作培训和维护手册培训。

三、灌溉施肥运行

水肥一体化智能节水灌溉系统建成后，可根据油橄榄不同生长时期需水需肥量及不同N、P、K配比进行精准定时定量灌溉，极大节约人工、水、肥和能源。

施肥系统工作时，比例施肥泵将肥料母液恒定、均匀、成比例地注入管道系统并且均匀地输送到各灌区的灌水器，以保证园区内每株油橄榄树肥料用量的均匀性、稳定性、可靠性及施肥精准性。所用肥料必须是溶解度高、不含杂质的水溶性肥料，以免堵塞滴头。将水溶性肥料按比例配置成营养液（母液），储存在肥料罐中。接下来开始设置施肥程序，按照配置的母液量及稀释倍数计算出施肥时间，施肥时只需将施肥时间分区编入施肥程序后，即可进行施肥。控制器系统是基于物联网的，可以在电脑端或者手机端进行远程操作。系统配套有温湿度传感器，可以随时反馈园区内土壤的水分、温度情况，为科学灌溉提供数据支撑，数据可以长期储存，形成温湿度曲线图，为今后园区调整灌溉制度奠定基础。

1. 灌溉系统操作流程

灌溉系统需安排专门的人员进行系统管理，在开启灌溉系统之前，首先确定水源水池水量是否充足，检查水池供水管道上的蝶阀和泵房内部的蝶阀是否处在打开状态，检查配电箱是否正常，再检查首部泵房系统各部件有无损坏，检查施肥通道球阀是否处于关闭状态。如果要用自动开启阀门，应检查所要开启的电磁阀上旋钮是否处于自动状态，设备检查无误后即可开启灌溉作业。如果选用自压灌溉，建议一次开启一个灌溉区域。在灌溉作业进行3～4次后，需将田间各行毛管末端的小球阀打开冲洗1min左右。为了避免管道冻裂，北方冬季来临之前把田间位于主支管道上的排水末端小球阀打开，将管道内的水尽量排净，此阀门冬季不必关闭。

2．施肥系统开启流程

在进行施肥操作时，必须要等到灌溉进行半小时后方可开始施肥作业，待施肥作业结束后需继续灌溉半小时以使肥料残余完全从管道内流出。在自压状态下不能进行施肥作业，施肥作业时必须开启增压泵，田间需开启两个灌溉区域。首先将所需的肥料根据比例倒入混肥桶，开启补水阀门给混肥桶补水，补水到需要位置然后关闭补水阀门，而后在配电箱内打开混肥泵开关，直到肥料完全溶解后关闭混肥泵开关；打开注肥泵两端球阀，然后在配电箱内打开注肥泵开关，将混肥桶内的母液全部抽进施肥桶，最后先关闭注肥泵配电箱开关，再关闭注肥泵两端球阀；开启施肥通道球阀，然后将涡轮蝶阀慢慢旋转关闭，直至比例施肥泵活塞运动开始吸肥。

3．操作注意事项

（1）每次开启水泵时，注意检查电压是否正常。

（2）严禁在带压情况下触动或打开任何设备；特别注意不可在有压运行时触碰或打开首部泵房任何罐体。

（3）严禁任何时候私自调节安全阀调压螺丝。

（4）灌溉时要随时检查田间管道是否有漏水现象。

（5）灌溉时不得将管道上空气阀开关关闭，要保证其进排气顺畅。

（6）特别注意系统中所有阀门必须要缓开缓闭。

（7）在天气温度低于0℃时，要特别注意所有阀门必须处于开启状态，所有管道做好排水工作。

（8）北方冬季温度下降前，将比例施肥泵中间防冻开关打开进行排水，以防设备冻坏。严格按照制定的轮灌制度进行灌溉。

（9）任何时候滴灌管尾端都不能固定、拴牢，只能在中间用“U”形卡固定。

（10）灌溉时要注意滴灌管的滴水情况，严格按照滴灌管维护说明操作。

（11）雷雨季节需注意断电，做好防雷工作。

（12）固定专人负责管理。

水肥一体化设备技术的推广应用，极大地提升了油橄榄园的现代化管理水平，为深度开展油橄榄水分和营养代谢研究奠定了基础，实现了“五降两提”，即大幅度降低了灌溉用工，降低了水、肥、电使用量，降低了橄榄园管理成本，提高了水肥使用效率，节水、节肥、节约能源，提高了橄榄园的生产能力。水肥一体化系统应用与传统的灌溉施肥方式相比具有显著的节水、节肥、省工、高效、优质、环保等特点，是现代集约化橄榄园标配的基础设施，应用前景广阔（图4-9）。

图4-9 水肥一体化系统

第五章　油橄榄整形修剪

油橄榄与其他任何一种经济果树一样，都需要一定的树形结构和充分的受光通风条件，才能达到最大的经济产量。自然生长的油橄榄树，树体高大，树冠郁闭，枝条密生，交叉、重叠，内膛空虚，叶幕层薄，树势衰弱；光照和通风不良，病虫害严重；结果部位外移，产量不高，易出现大小年结果现象，果实品质低劣；不便于果实采收和病虫害防治。

油橄榄栽培必须合理地运用整形修剪技术，才能有效地调控营养生长与生殖生长的平衡关系，以及处理好生长和结果、结果与更新的关系，达到早实、丰产、优质和低成本、高效益的目的。

第一节　修剪原则

一、整形修剪的意义

（1）建立合理的树冠结构，提高叶木比率，扩大有效结果面积；

（2）调节树冠微生态环境，保持通风透光，增加有效光合叶面积，提高光合产率；

（3）控制徒长，缓和树势，均衡营养，促进成花。

二、整形修剪的原则

（1）因枝修剪，随树作形　根据品种、树势、树形结合实际进行整形修剪。

（2）统筹安排，逐年修剪　修剪者要胸有成竹，按照标准树形，逐年安排主侧枝和结果枝；控制好树体高度、树冠大小及各枝间的距离和结果量。通过逐年修剪，达到预定树形。

（3）均衡树势，主从分明　各主侧枝之间应保持平衡生长，对于上强下弱、下强上弱或一边强一边弱的树体，要通过修剪明确主枝、侧枝的主、从属关系。中心领导干的生长势要大于主枝，主枝要大于侧枝，临时枝服从永久枝。在枝条相互竞争的情形下，应控制从属枝的生长，保证主导枝延伸。

（4）以轻为主，轻重结合　油橄榄幼树应轻剪，除影响骨架形成的枝条疏剪外，其余的枝条尽量保留；盛果期树应轻重结合，营养枝要轻剪，已结过果的枝要重剪；衰老树应进行重剪，促进发枝更新，形成新的结果枝。

（5）科学修剪，立体结果　油橄榄修剪是一项技术性很强的工作，只有在全面了解建园类型、品种特性、枝芽类型、生长结果习性、枝条作用、修剪反应等的基础上，才能作出正确判断，使整形修剪科学合理，从而达到树冠内外、树体上下立体结果，提高产量的目的。

三、树冠结构

未修剪的放任树，多呈半圆形或自然圆头形，树体高大，枝条繁多，树冠郁闭，内膛光照差，叶幕层减薄，结果部位外移，呈表面结果。通过人工整形修剪，可改变树冠结构，树形内膛通透，结果部位增多，除外围结果增多外，内膛也可充分结果，称之为立体结果，其产量和品质均有提高。

四、枝类构成

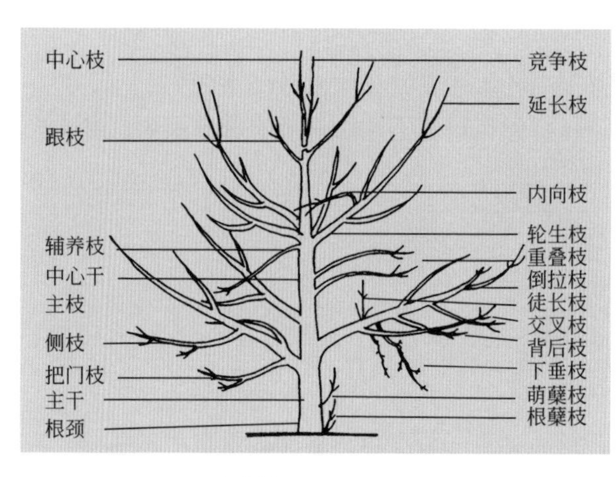

图5-1 枝类名称

树冠是由各类枝条架构形成的，在一株树上，根据枝条生长结果习性及在树体中的相对位置和功能，可把枝条分成多种类型（图5-1），整形修剪就是通过调节这些枝类数量和长势来改善树冠结构，达到丰产、稳产、优质的目的。

第二节 修剪方法

一、修剪基本方法

油橄榄的修剪方法与其他果树的修剪一样，包括疏剪、缩剪、短截、撑枝、长放、摘心、环剥等。

1. 疏剪

把枝条从基部剪除称疏剪或疏枝。疏剪可减少分枝，改善枝条分布空间，使树冠内光照增强，提高有效枝叶的质量，促进营养物质积累。但是，疏枝后枝叶量减少，影响枝干增粗及总体生长量。因此，疏剪要看树的长势，适量进行。疏剪贯穿整个生命周期，苗期培育、幼树整形、结果期和衰老期更新修剪，放任树改造等都需要用疏剪，一般疏剪徒长枝、直立枝、过密枝、下垂枝、病虫枝、干枯枝等六类枝条（图5-2）。以下举例说明疏剪技术的应用。

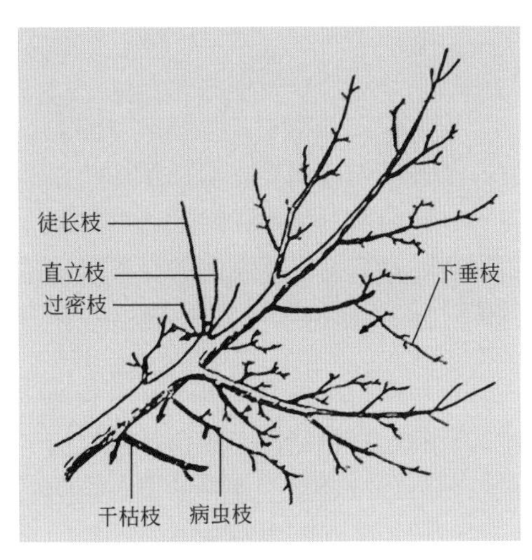

图5-2 疏剪枝条

（1）生长枝疏剪 油橄榄芽对生，自幼苗开始，主茎顶芽萌发延长生长，侧芽萌发形成各级分枝。分枝对生，节间短，枝条密集。疏剪时，从对生枝的基部开始，按左右左右的顺序剪1留1，个别三枝轮生的按螺旋顺序选留。剪后枝间距扩大，避免重叠交叉，分布均衡，有利于生长。

（2）结果枝组疏剪 枝条在自然生长过程中分化出结果枝和营养枝。大多数油橄榄品种一般在二年生枝条中下部形成完全花而坐果，结果枝当年结果后就不会再结果，因此结果后，疏剪去除已结果的细弱枝、下垂枝，保留营养枝，扩大营养枝空间，促进生长和结果。

（3）疏剪口的状态和位置 修剪实际操作中普遍存在剪口位置不正确，影响伤口愈合和植株的总体生长。疏剪反应的特点是对剪口（伤口）上部的枝芽生长有削弱作用，伤口愈大作用愈强，对剪口下部枝芽有促进作用。疏除枝越多、枝越粗，伤口就越多，伤口面积也大，还将削弱整株树的生长。所以疏剪应在土壤肥水管理和整形基础上进行，以生长期疏剪为主，即春夏抹芽和疏除嫩梢，这样处理伤口小、愈合快，可起到调节营养和均衡树势的作用。

2．缩剪（回缩）

在多年生枝上剪截称为回缩。缩剪反应的特点是对剪口后部的枝条生长和不定芽的萌发有促进作用，对基枝有削弱作用。

缩剪常用于骨干枝、结果枝组和衰老树的复壮更新。结果枝回缩已结过果的枝条，剪口下保留枝位和枝势较好的发育枝，可控制结果部位外移，培养成新的结果枝组，提高结果能力。

3．短截

1年生枝被剪截去一段称为短截。短截依留枝条的长短分为轻、中、重短截，轻至剪除顶梢（如摘心），重至基部只留1～2对侧芽。实际应用中依据短截反应规律和目的而定。

短截反应的特点是对剪口下的芽和副梢有很强的刺激作用，可促进芽的萌发，使枝梢密度增加，降低了枝叶内部的光照，影响生长发育。因此，要有目标地使用短截。例如，在幼树整形期，为了调节主枝生长平衡，对强旺的主枝可适度短截，改变枝角和方向，缓和长势，以调节主枝间的生长平衡。

4．开角

枝角是指主枝与中央领导干之间或侧枝与主枝之间的夹角。针对过大或过小的枝角，可用拉枝、撑枝、转枝换头等办法进行枝角调整。拉枝和撑枝，即对枝条进行拉或撑，调整枝条之间的夹角，一般以45°为佳。

转枝换头，即对夹角小的枝条，选一生长旺盛以及角度、方位适宜的背生枝作为主枝的延长枝，将前端原枝条剪除，达到开张角度的目的；对夹角大的主枝，在适当位置选择一个生长旺盛以及方位、角度适宜的直立枝或斜生枝，作为主枝的延长枝，将前端原生枝剪除，即可使主枝角度变小。

特别是对皮削利、皮瓜尔这些“皮系”树体直立、侧枝分枝角度小的品种应用开角修剪尤为重要。

5．长放（缓放）

对枝条轻剪或不剪，任其自然生长。缓放后枝条的生长势有所减弱，腋芽可萌发大量的中短枝或叶丛枝，有利于形成花芽，促使早结果。但缓放后树势易减弱，枝条易衰老，在一株树上缓放的枝条不宜太多。缓放过的枝条第2年应进行短截或疏剪，不宜继续缓放。

6．刻芽

油橄榄隐芽发达，刻芽效果明显。春季萌芽前，在枝或芽的上方（或下方）0.2 ～ 0.3cm处，用刀或剪刻一月牙形切口，深达木质部。刻芽对于幼旺树枝量的增加效果显著。刻芽时应注意以下几点：主枝剪口下头4个芽不刻伤，余下芽取枝两侧的每间隔10 ～ 15cm的芽进行刻伤，对背上及背下芽不处理；辅养枝、直立枝可逢芽必刻；枝角稍平、粗短的枝不宜刻芽。

7．除萌

从春季至初夏将主干、大枝上萌发的无用枝除去，称为除萌。目的主要是减少养分消耗，保证有用枝芽生长以及树冠通风透光。油橄榄冬季剪除的徒长枝或大枝，从其剪口下极易簇生许多萌蘖，应于萌芽初生时除去；对幼树，妨碍其主干或主枝的延长枝生长的萌枝，应及早除去，以利主干或主枝的生长；侧枝所生新梢过多时，宜将一部分萌枝除去，以免密生；以短果枝结果的品种，如短枝过于密生，常因相互牵制，使短枝上的芽不能充分分化为花芽，故宜将弱小的萌枝疏除，使所留的短枝能发育成结果枝。油橄榄高接换优后，主干、侧枝及根茎部的隐芽极易萌发，应即时抹芽除萌。

8．环刻

萌芽前，对于长势比较强旺的枝进行处理，即在需出枝的地方，用环割刀或修枝剪环刻一圈，深达木质部，此方法可促生大量中长枝，防止光杆枝发生。

9．环剥

环剥即环状剥皮，是指在枝或主干基部3 ～ 5cm处，剥去一圈树皮，一般剥宽3 ～ 5mm，最宽不能大于1cm，最窄不能小于1mm，剥后20 ～ 30天就能愈合。对于较宽的剥口，可用塑料薄膜、黑色宽胶带或蜡光牛皮纸包扎，5天后去除包扎物。在进行环剥时，必须增施肥水，使枝条生长健壮。在对主干、骨干枝、大型辅养枝和枝组进行环剥时，要酌情处理，尤其要慎剥主干。对营养生长不良、树体衰弱的树切勿环剥。

10．摘心

生长季节摘去新梢顶端幼嫩部分的措施叫摘心。摘心有利于营养积累和花芽形成，提高坐果率和促进果实增大，促使强旺枝增加分枝级次，达到缓和生长势的目的。5～6月份对旺梢连续摘心2～3次，有利于培养枝组，促进成花；对竞争枝和直立枝摘心，可加强延长枝的生长；在结果初期的树冠中，对内膛生长较旺的发育枝，可通过摘心，促发分枝形成结果枝组，以增加结果，达到早期丰产的目的。

11. 扭梢

5月下旬至6月上中旬，对背上直立枝、竞争枝、过密枝等，在新梢基部5～6cm处半木质化的部位，用手捏住先扭曲90°，再在斜下方扭转180°，使之下垂，并固定在枝杈处。扭梢后枝条营养生长势受挫，养分局部积累，有促发短枝、促成花芽的效果。扭梢后，被扭曲部位应保持圆润状态，无劈裂、折断现象，并且不要伤及叶片。

12. 拉枝

可分冬季拉枝和夏季拉枝。夏季拉枝一般在6月末至7月上中旬进行，拉枝方法与冬季修剪拉枝一致，其目的主要是促进花芽分化，改善树体通风透光，提高果实品质。

13. 别枝

7～8月份，在距枝基10cm处，用手拿住枝条中下部反复捏握，使枝条木质部轻微损伤而下垂、水平或斜向生长，可达到开张角度，控制旺长、促生花芽和中短枝，调节枝向的目的。别枝即将直立的强旺枝别在附近平斜枝下，使之呈水平、下垂状态，可抑制生长、促生花芽。

14. 夏疏

8月上中旬对辅养枝过多的大树可疏除部分冬剪后的萌蘖枝，以改善通风透光条件，提高花芽质量。

二、不同树龄时期的修剪

1. 幼树修剪

油橄榄幼树是指苗木定植后到进入结果期前的树。其特点是营养生长旺盛，发枝多而密，但干性较弱，容易弯曲下垂，主干枝很难自然成形。为此，幼树修剪的重点是整形，整形的目标是培养主干和主枝，形成合理的树冠结构。

主干是着生主枝的树干，主干粗壮直立，才能使主枝开角适度、生长端正、分布均衡。主枝的数量及生长状况好坏，将直接影响树冠的结构和生产能力。培养主干的具体方法是从苗圃做起。在苗圃里设立扶杆或支架把苗木的主茎扶直，使主茎上的分枝（侧枝）生长均衡。苗木定植后，由于苗木幼嫩，枝干木质化程度低，硬度不够，故仍需要立杆扶直主干，并在栽植后的头几年适当地在主干上多留小侧枝，以辅养主干加粗生长。这种小侧枝，就是通常所称的辅养枝。立杆扶直树干，轻修剪，多留辅养枝，促进幼树高粗生长，是幼树整形修剪的基本原则。但是这种培育方法需要大量的木杆或竹竿作支撑，也要花工夫绑扎等，花费较大。不过这种花费可由整形获得的早期丰产而得到补偿。通常情况下，人们习惯于栽植后不加修剪，任其自由生长，粗放经营，花费少。结果是造成树冠内冗枝繁生，枝梢混乱无序，光照差，结果少，最终造成生长早衰，见树不见果。

幼树修剪的目的是培育健壮的主枝。主枝的数量依树形而定，丫形只有2个主枝，自然开心形一般是3个主枝，单圆锥形只有1个中心主干枝和若干侧枝。依照自然的生长规律，如何能使主枝早期形成，必须正确地调整主枝的开角和侧枝的配置。就枝条本身生长特性而言，直立生长最快，倾斜生长较慢，水平生长最慢，下垂生长很弱。主枝分角小生长快，但着生在主枝中下部的侧枝生长转弱，延迟结果，或不能形成结果枝的光杆枝。枝角大生长减缓，主枝中下部的侧枝生长虽可加强，但主枝生长弱，负荷重，容易改头下垂，枝背上易萌发强旺的徒长枝。所以，如何调控主枝的开张角度，保持均势生长，以利分生结果枝，是能否培育成优良主枝（包括侧枝）的关键。依油橄榄各品种的特性，主枝开角40°～45°斜向生长最为适宜，其生长势缓和，上下侧枝分布均衡。由这种主枝构成的树冠产量高，结果稳定。

要求主枝开角40°～45°斜向生长，靠自然生长很难达到，所以要在主枝上设立较长的支架，以固定主枝的角度。利用枝干的自然生长趋势，采用主枝换头和侧、主枝相互更替的方法，调整主枝角度，可以获得满意效果。但是，这将延迟树冠的形成和结果时期。对于已经自然形成树冠并开始少量结果的树，暂时不必按照某一树形的模式机械整形。若对多余的骨干枝进行大量的疏除，会造成极大的伤害。应等待完全结果，生长开始转弱时，按照“因树修剪，随枝作形”的方法，将多余的主枝逐年除掉，以改善光照，恢复树势。幼树期主干和主枝上的小枝剪除过早、过多，大枝裸露，易引起灼伤，要引起注意。

2．初结果树修剪

油橄榄大多数品种的结果部位在两年生枝条的中下部（图5-3），要尽量保

图5-3 油橄榄结果部位

留结果部位。

初结果树就是由始花结果开始到骨架基本形成，树冠达到一定冠幅，开始大量结果前的这段时间的树，一般为定植后3～10年期间。初结果树主枝和一、二级侧枝基本形成，骨架基本牢固，树冠已达到一定冠幅，但仍需继续扩大。其营养生长和生殖生长同时进行，营养枝比例较大，易生发徒长枝，结果枝比例小，多在外缘和中上部结果，产量较低。此期修剪，以轻剪为主，多疏少截，继续扩大树冠，积极培育结果枝组。具体修剪方法是：对侧枝上的营养枝通过疏剪或短截，促使形成预备结果枝。对不必要的徒长枝进行疏除。已结过果的长枝可在中部或基部选留新的枝芽短截，促其萌生新的预备果枝，供下年结果。

3. 盛果期树修剪

盛果期树是指大量结果开始至衰老前的这段时间的树，一般为定植后第11年至30年左右。盛果期树骨架已经牢固，树冠扩大缓慢，树形已经形成，营养生长趋于缓和，生长与结果平衡。随着结果量的增加，中长果枝减少，短果枝增加，结果部位容易外移，大小年结果明显。

其修剪方法可根据树体状况和结实情况采取以下几种：

（1）正常结果树的修剪　正常结果树是指油橄榄能正常生长结果的树。此期的树体骨架已全部形成而且牢固，树冠已经稳定，营养生长趋于缓和，生长、结果趋于平衡。

此期间的主要修剪目的是调节营养平衡，控制生长与结果的关系，将营养枝、结果枝、预备结果枝（已结过果的枝短截后所抽生的新枝）三者各保留三分之一的比例。其具体修剪方法是：在冬春修剪时，将已结过果的枝靠近基部选留1个健壮的枝或芽短截，促其抽生预备结果枝；对过密的结果枝，可少量疏剪；过多的营养枝，也可疏剪和短截少部分，使其达到各三分之一左右；同时要注重在一、二级主侧枝上培养结果枝组，使其多结果，并注意克服大小年现象。

（2）大年树的修剪　大小年是油橄榄的生物学特性之一，在原产地也不例外。大年是指当年超出树体负载能力而大量开花结果之年。油橄榄一般是一个大年、一个小年，也有一个大年、两个或三个小年的情况。小年出现的时间长短与树体管理水平、营养状况和修剪技术及当年气候情况有关。特别是修剪技术对克服大小年有着重要作用。具体修剪方法是：在每年冬春修剪时，对结果枝的疏剪和短截应稍重一些，去掉一部分结果枝，减少结果量，减少过多的养分消耗，使其一部分营养用于新梢生长，促进来年结果。若冬季修剪无法识别当年结果枝多少和花量大小，可先进行轻剪，待春季花蕾明显时进行一次补剪。大年树的营养枝，尽可能多留，使其成为来年的结果枝。对已结过果的长枝可在基部选留壮枝壮芽短截，促发预备结果枝。短的枝条可以暂时不剪，让其延伸在结果后短截。这样逐年调节，使大年不至于过多结果、小年也有较好的产量，达到稳产高产，克服大小年现象。

（3）小年树的修剪　小年树是指当年开花结果少，下一年可能是丰产年的树。因上年度结果多养分消耗大，新枝抽生少，当年能开花结果的枝条少。这类树在冬季修剪时对当年能结果的枝全部保留，让其结果。对上年已结过果的长枝于基部选留壮枝壮芽短截；对过密的营养枝疏剪掉少部分，过长的营养枝适当短截，促发成为预备结果枝，供下一年结果。这样小年的花全部保留，可以得到一定的产量，使小年不小。由于疏剪和短截了一部分营养枝，适当减少了下一年的结果枝，使下年结果量不至于太多，就不会形成大年。

（4）冻害树的修剪　冻害树修剪是指对在结果年龄内的大树因冻害使枝条冻裂枯死而进行的修剪。应在晚春冻害完全显露时将受冻部位全部剪除。小枝受冻害的，哪里枯死就从哪里剪除。大枝受冻，由冻害部位以下剪除，留一段活枝使其萌发新枝，形成新的骨架和树冠。半边冻裂的大枝，可以将受冻的半边剪除，使未受冻的半边向冻害半边延伸，逐渐形成丰满的树冠。如主干冻裂，而上部枝条仍有生活能力，可将裂皮刮掉，在冻裂处下部选一健壮枝条与上部有生活力的枝条进行桥接，也可复壮生长。冻害一般在冬季低温时期症状不甚明显，往往在春季温度回升树液开始流动时症状才能完全显现出来。因此对受冻树的修剪不宜过早，应在晚春树液开始流动、萌芽时开始，冻害症状全部表现出来时修剪较好。

4．餐用品种修剪

餐用油橄榄的经济效益决定于果实的质量而不是产量。果实质量一般指果实大小和整齐度必须达到商业分级标准。例如果大尔品种1kg240个果，小苹果和边克丽娜1kg 210个果，卡拉蒙1kg 180个果为合格。因为达到商业标准的果实市场价格高，而不够商业标准的果只能作榨油用，但因餐用品种的含油率低，售价很低。根据观察，果实大小与单株果数相关，平均单果重随单株坐果数的增加而降低。为此，采用修剪结果枝，减少坐果率，可有效提高单果重量。但这种措施的实施将导致叶/木和叶/根值的降低，最终使树体生长势衰退。

现代餐用油橄榄栽培，使用萘乙酸钾浓度为150～250mg/kg的水溶液，于盛花期（80%的花已开放）和果实横径在3～4mm时，喷施叶面，可有效疏花疏果、提高单果重量和整齐度。使用化学修剪代替传统的修剪措施，降低了坐果率，可有效提高果实的重量并且不会造成叶木比值的降低，不会削弱树体的生长势，从而显现出化学修剪的优越性。

第三节　修剪技术

一、修剪时间

1. 生育期与修剪

传统的油橄榄修剪时期是在果实收获之后的休眠期或生长期进行。

休眠期修剪的主要任务是疏除过密的骨干枝，保持树冠通风透光，增大有效结果容积，提高产量；更新复壮结果枝，维持连年结果。

生长期修剪的主要任务是调节新梢生长发育，培养下一年的结果枝，提高当年的果实产量。每年生长期开始时，萌发大量的新芽新梢，其中有许多是徒长枝。对无利用价值的徒长枝，因为其生长很旺盛会与结果枝争夺养分，要及时疏除，多留生长充实的营养枝。但对过密的营养枝要进行疏剪，以改善光照和营养分配，有利于形成结果枝。生长期修剪应在每年生长开始时到立夏前完成。

2. 果实用途与修剪

餐用橄榄园果实采收早，采后正常的修剪时间在11～12月份。油用橄榄园果实采收晚，而且在果实采收后气温变得较低，为了防止冻害，修剪时间应在农历五九过后或正月十五过后，一般为翌年2～3月份，于开花前完成修剪。

3. 气候与修剪

修剪时间除与上述因素有关外，还要考虑当地的气候条件。有寒流、晚霜和低温冻害的地区，应在低温冻害期过后进行修剪。因为未修剪的树冠体积大，枝叶多，无剪口创伤，具有防寒和自我保护能力，可以避免或减轻冻害。

二、修剪次数

多长时间修剪合适，原产地油橄榄种植者各持己见。在生产实践中，大多数的油橄榄园采取每两年修剪一次或每年适度修剪。为了降低生产成本，修剪的间隔时间应根据油橄榄生长发育规律、果园立地条件（气候、土壤、灌溉）、品种、树龄和栽培管理技术而定。油用和餐用品种每年都需适当修剪。大小年严重的隔年结果品种大年重剪，小年轻剪；针对衰老树的更新复壮，每隔1～3年修剪一次。

依据种植区的气候条件、树龄和长势确定修剪。生长季雨水多、气候湿热、日照偏低的地区，成年结果树每年需要适量修剪，以调节光照、减轻病害、维持树体的健壮生长，保持正常结果。

第四节　常见树形

一、自然树形

油橄榄在严酷的环境条件下塑造出多种多样的自然树形，主要有下垂、开张和直立三种（图5-4～图5-6）。

1. 下垂

分枝角度大，枝条细弱、柔软，着生大量向下的斜生枝（图5-4）。

图5-4　下垂

图5-5　开张

图5-6　直立

2. 开张

此为品种的自然生长习性，主枝分枝角度大，随着生长过程中树冠自重的增加及结实的重量压弯了枝条，树冠呈半球形，使其最大限度地利用光和空间，例如鄂植8号等品种（图5-5）。

3. 直立

这种习性是某些品种的特征，它的枝条负向地性明显，顶端优势强，幼树生长期内，树体呈完美的圆锥体；成年树变为圆柱体。一般情况下，具有直立生长特点的品种通常也是生长势强的品种，如皮削利、贺吉等品种（图5-6）。

二、传统栽培树形

1. 多干树形

多干形是指在一个定植穴里生长有2个以上的主干（图5-7）。从多干灌丛形中选择位置适宜（株间距离）、生长健壮的2～3个植株为永久性的树干，而将其余的主干分年度剪去。

图5-7 多干树形

第一年，在选留的2～3个植株周围疏除部分竞争的植株，打开空间。主干离地高1.0～1.2m，并把主干上的分枝全部疏除。在每株主干上选择2个生长旺盛的大枝作主枝，主枝的开张角度为30°左右。

第二年，继续疏去另一部分树干。同时疏剪主干上多余的分枝。采用摘心、短截和转换延长枝等方法，调节主枝的生长势，使主枝间保持生长平衡。

第三年，最后伐去应淘汰的树干，使1个种植穴只有2～3个主干的多干树形。

在株行距大的传统油橄榄园，多干形的优点是植株生长快，树冠大，结果早，容易修剪，受到蛀干性害虫危害时容易更新，但其不利于间作，不利于机械作业，在高密度集约栽培的橄榄园中不太适合。随着现代化栽培技术的应用和集约栽培的发展，上述栽培树形已逐渐退出油橄榄园，代之以集约栽培的树形。

2．单干形

单干形的树冠结构多样，由主干和2～3个主枝构成，主干高0.8～1.2m，树高控制在3m以内，主要有倒圆锥形、杯状圆筒形、平底圆杯形、多圆锥形（烛台形）和球形（图5-8）。

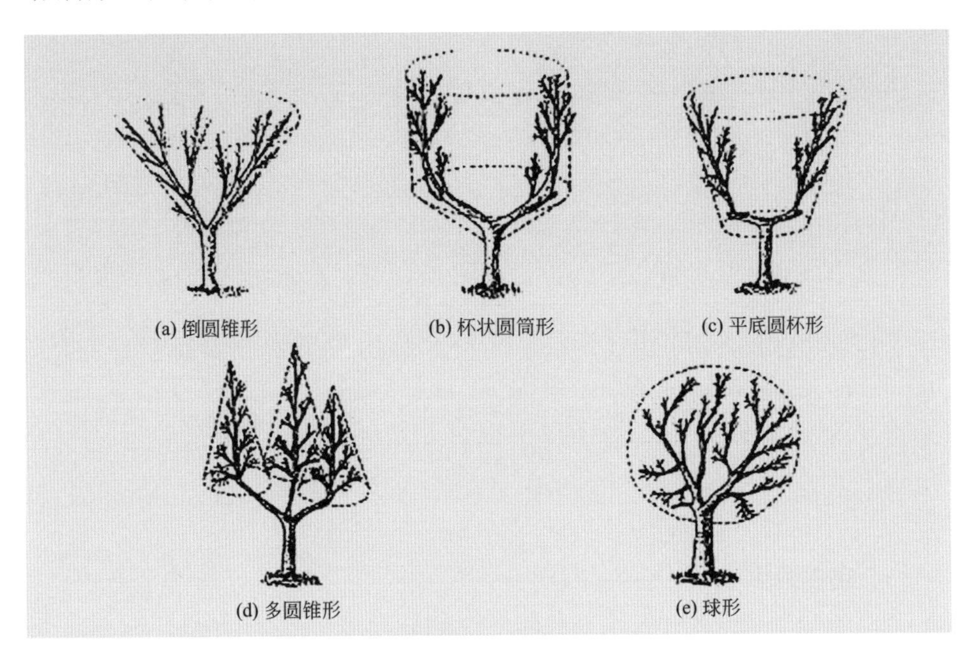

图5-8 单干树形

三、集约栽培树形

每亩栽植20株以上并采用现代栽培技术的果园称集约栽培果园。集约栽培所要求的树形和整形方式与传统的完全不同，其特点是：树形简化，整形容易，经济实用性强；整形不违背植物的自然生长规律，幼树生长期短，进入结果期早，有效经济结果期延长；适宜使用机械化作业、综合管理和采收。

根据上述原则，在集约栽培果园里采用简化单干树形是理想的选择，这种单干树形与传统的树形比较，树冠小，适宜密植，树冠的有效容积大，光合产量高。适宜集约栽培的主要是单锥形，即宽行距、窄株距的篱状栽培（图5-9）。

单锥形是油橄榄自然生长的树形，又称自然式树形。其树冠狭长直立、体积小、结果面积大，被各国广泛用于高密度的集约栽培园。幼树生长期短，结果早，结果期树冠的有效结果面积大，产量高，最适合各种采收机采果。

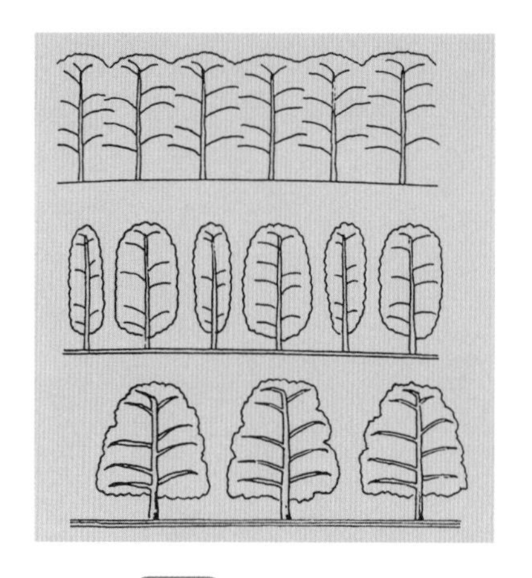

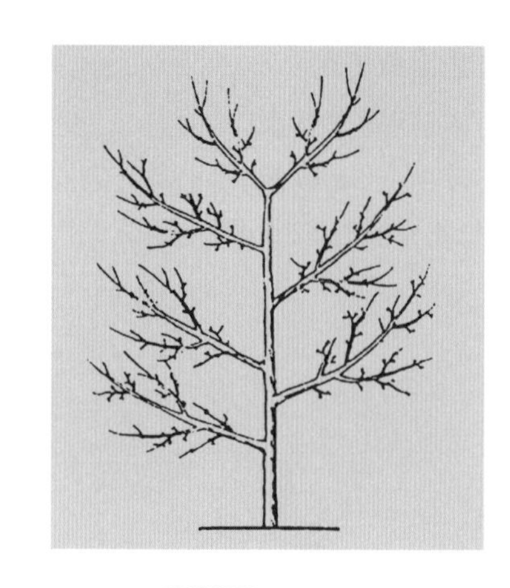

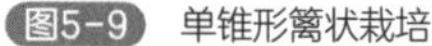

图5-9 单锥形篱状栽培

图5-10 落头处理

单圆锥形树冠中保留着主干延长的中心干，在中心干上分生主枝，主枝上分生侧枝，主枝和侧枝上着生结果枝。一般主干高0.8 ～ 1.2m。中心干高一般为2.5 ～ 3.0m，超过3m就要“落头”控制高度（图5-10）。

四、常见树形及整形方法

1. 空心圆头形

（1）树形特点　空心圆头形树形分三主枝空心圆头形和四主枝空心圆头形两种类型。三主枝空心圆头形全树有3个一级主枝、6个二级主枝；四主枝空心圆头形全树有4个一级主枝、8个二级主枝。这种树形，树冠比较低矮开张，透光性好，骨架坚强，结果早，结果层面较大，便于管理，适宜密植，抗风性能强，对大多数油橄榄品种都比较适用。特别是在风头坡地上种植的油橄榄选用这种树形更为理想（图5-11）。

图5-11 空心圆头形

（2）整形修剪方法

① 一级主枝的培养　在苗木定植后的第2年春季或第3年春季，当幼树达到定干高度时，在距地面50 ～ 60cm处，由下向上选留3个或4个分布均匀、向位合适、枝间距离在15 ～ 20cm、枝条与主干夹角在45°左右的枝条作为一级主枝，然后将主干从最上一个主

枝的上部剪去。

② 二级主枝的培养　定干修剪后所留一级主枝分别长到70～80cm以上，并有一定数量侧枝时，在其长50～60cm处，于先端左右两侧按间距15～20cm选留2个侧枝，将主枝从最前一个侧枝处剪除。所留2个侧枝培养为二级主枝。在同一个一级主枝上的2个二级主枝构成的平面夹角应在45°左右。第1个二级主枝与主干的距离应有50～60cm。

③ 侧枝的培养　选留的二级主枝继续延伸生长，其上所生的侧枝分别按40～50cm左右的间距选留左右或外侧生长枝作为一级侧枝。在一级侧枝上长出的二级侧枝，一般只疏除过密枝、交叉枝、重叠枝和病虫枝，保留强壮枝条。在二级侧枝上长出的枝条及一级侧枝的延伸枝作为将来的结果母枝。在二级主枝上选留的一级侧枝达到一定要求时，将二级主枝的顶端剪去，不再延伸生长。这样就形成了3个或4个一级主枝、6个或8个二级主枝及各级侧枝构成的空心圆头形树形。

2．疏散分层形

（1）树形特点　有1个领导干，主枝5～6个，分3层排列。如为5主枝树形，第1层和第2层各有2个主枝，第3层为1个主枝。如为6主枝树形，第1层3个主枝，第2层2个主枝，第3层1个主枝。这种树形主枝层次多，层间距大，树体相对高一些，主侧枝立体分布好，支撑力较强，通风透光好，单株产量高。该树形适用于肥沃平地栽植株行距大和分枝角度开张、枝条下垂性强的品种，如佛奥等。这种树形修剪成形所需的时间较长。

（2）整形修剪方法

① 主枝培养　在苗木定植后的第2年春或第3年春，当幼树达到定干高度并具有一定数量的侧枝时，在苗高80～120cm以上处，由下向上按15～20cm间距，选留3个生长健壮、分布均匀、平面夹角在120°左右的侧枝作为第1层3个主枝。主干在饱满芽处截头，让其延伸生长。主枝与主干的夹角应为30°～60°。整形带内选留主枝以外的侧枝，采用疏剪、短截的办法控制生长，留作辅养枝。为保证选留的主枝生长健壮，在第1层3个主枝选留后的次年春季，再在第3主枝以上按20～30cm间距再选留2个方向错开的枝条作为第2层主枝。该层2个主枝与主干的夹角应为30°～50°。主干仍继续保留，让其延长生长。主干上着生的未被选留作为主枝的枝条，进行疏强留弱处理。在第2层2个主枝选留后的次年春，再在第2层主枝以上20～30cm处，选留1个枝条，作为第3层主枝，这时将主干从第3层主枝上部弱芽处剪去。

经3年整形修剪，3层6个主枝的疏散分层形树形骨架基本形成。

② 侧枝培养　在选留培养主枝的同时，可在各级主枝上选留一级侧枝。各主枝的第1个一级侧枝，应与主干保持30～50cm左右的间距。选留的侧枝应在枝的左右两侧或外侧，位置应轮换错开。第1层3个主枝各选留一级侧枝4～5个，第2层2个主枝各选留一级侧枝3～4个。一级侧枝上着生的二级侧枝及再分生的枝条，按结果枝组的培养方法进行修剪。各级主枝和一级侧枝达到一定数量，树冠冠幅也达到一定要求后，可将主枝顶端剪去，不再让其延长生长。该树形层次多，层间间距大，在修剪中一定要注意控制树体高度（图5-12）。

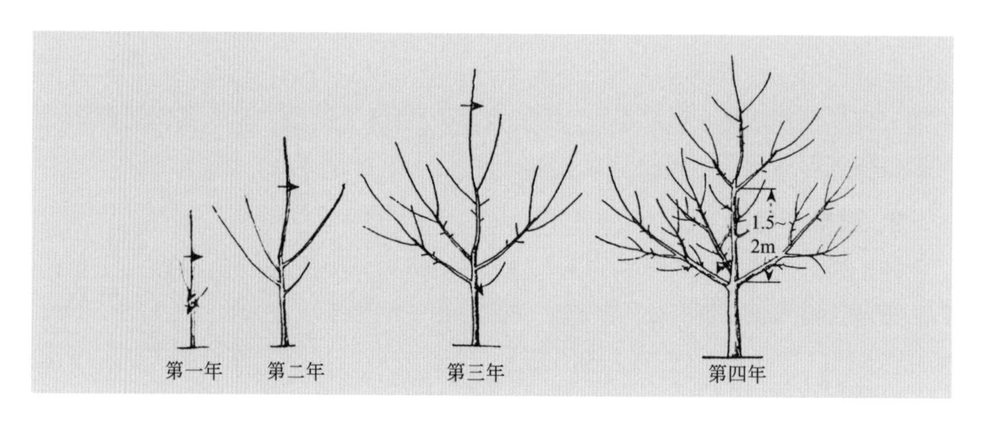

图5-12　疏散分层形

3．自然开心形

图5-13　自然开心形

（1）树形特点　自然开心形的树形无中心干，由主干、主枝和侧枝构成树冠骨架。主干高0.7～1.0m。主枝3个，邻近配置，主枝开角35°～45°，枝间距20㎝，交错分布在主干上。主枝上适量配置侧枝，侧枝上均匀布满带叶枝，发育为结果枝（图5-13）。

这种树形的特点是2～4个主枝延伸到顶，没有二级主枝。该树形主枝少，骨架坚强牢固，枝轴的支撑力强，树冠低矮，中心开张，通风透光好，结果早，产量高，适宜坡地、平地及大多数品种选形，易于整形修剪（图5-14）。

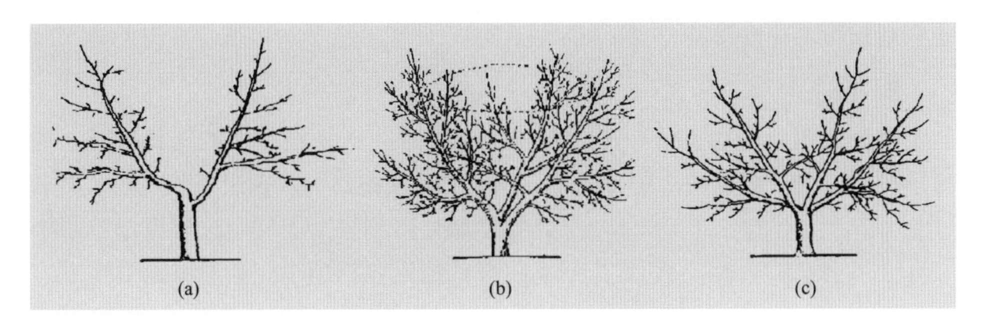

图5-14 自然开心形主枝骨架

（2）整形修剪方法

① 主枝培养　在苗木定植后的第2年春或第3年春，当幼树长到定干高度时，在距地面50～60cm处，由下向上选留3～4个生长健壮、层间距在15～20cm左右、3～4个方向分布均匀的侧枝培养成为3～4个主枝。主枝与主干的夹角应在45°左右，主枝任其自然斜向生长，待长度达到2m左右，每个主枝上有5～6个一级侧枝时将主枝顶端剪掉，即成为3～4个主枝开心形骨架。

② 侧枝培养　在每个主枝上，按50cm的间距，分别于左右两侧或外侧三个方向，错开选留一级侧枝5～6个，选留以外的侧枝进行疏剪或短截。主枝和一级侧枝上着生的枝条应明确从属关系，并按结果枝或辅养枝进行修剪培育，多留小枝、少留大枝，使其成为结果枝。

4. 丫形

丫形树高低于2.5m，主干高0.5m左右，主干端部长出2个斜生主枝构成树冠，这种树形开张而低矮，便于采光采果，在弱光地区是比较实用的一种丰产树形［图5-14（a）］。

丫形的整形修剪方法为：在苗木定植后，当幼树主干生长达到定干高度时，选择2个生长势好的侧生枝作为主枝，并在主枝的着生点以上将主干剪断，剪口下选择2个对生或邻近的枝条培养主枝。两主枝夹角120°，主枝要用整形支架固定，侧枝均匀地分布在主枝上，上小下大，与主枝构成斜向双圆锥形树冠。随着主枝逐年生长，每年或隔年修剪选配侧枝。侧枝是主枝上的有叶枝条，是结果单元。

这种树形比较矮，地上部分与地下部分生长较均衡。主枝生长健壮，侧枝发育充实，寿命较长，结果面积大，较丰产，抗风性强。由于修剪方法简单，易操作掌握，可随苗定干，油橄榄枝条对生，在幼树整形和成年树形改造中，很容易采用这种树形。

5. 圆头形

圆头形树形是由3～4个主枝，6～8个顶生侧主枝构成的球状树冠。圆头形树冠很大，成形快，发育饱满，枝条十分密集，内膛光照很弱，因而结果部位逐渐外移到树冠表层。这种树形使油橄榄的有效结果容积缩小，树冠内无效结果容积几乎占树冠体积的80%～90%，内膛荫蔽而不能结果。从陇南栽培区的树形看，无论是进行修剪或不修剪，都能够自然地形成圆头形树冠，并极容易使树冠闭心。实践证明这种多主枝的圆头形树冠结果能力低，不能丰产。这种树形在雨量少、长日照的栽培环境中对油橄榄才有效（图5-15）。

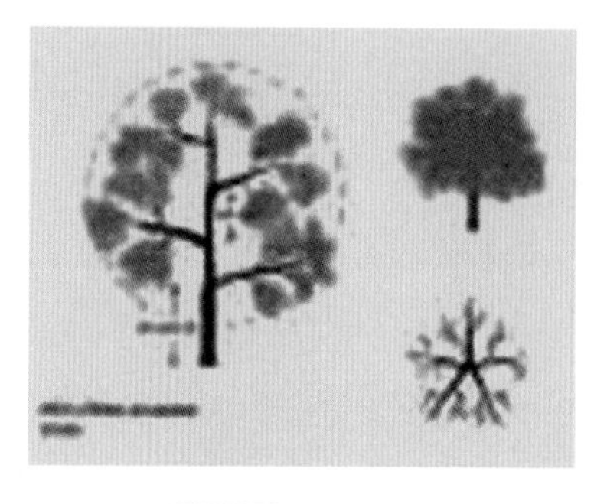

图5-15 圆头树形

6. 单锥形

单锥形是意大利果树栽培学家罗文蒂尼（Ryentini，1936）提出的。他建议用这种树形重建高密度油橄榄园。20世纪70年代末，意大利油橄榄育种栽培学教授丰塔纳扎（Fontanazza）在意大利中部地区用经过他改进的单圆锥形建立了集约栽培的橄榄园。栽植后任其自然生长，轻修剪，缩短了幼树生长期，结果早。我国云南冕宁、甘肃陇南用豆果、奇迹、阿尔波萨纳3个品种建立的集约化栽培园很适合单圆锥树形，初步表现出早期丰产的特性。

单锥形的整形主要依其自然生长形成，修剪为辅，整形期内要把握中心干的主导地位。为此中心干的位置必须居于树冠的中心，始终保持直立的强生长势，使干周的侧枝分布均匀、长势均衡，树冠形成快，幼树生长期短，结果早，其修剪要从苗圃苗木培育期开始。

单锥形的整形修剪过程与方法如下：

第一年选干。苗木移入营养钵或在苗圃地培育期，在每株苗木旁插1根竹竿把苗干扶直，使侧枝沿着中心干均匀分布，形成完整的树冠。除剪去与中心干竞争的直立枝外，一般不做任何修枝，保持苗的叶/根率，促进苗木的根系和干的粗生长。

第二年扶干。栽植后在苗木旁插上扶杆，用布带打结把苗木主干系在木杆上，使其直立自然生长。但必须保持树顶旺盛生长，因为树顶的旺盛生长活动，可以像水泵一样将树液分配到全树来保证树木的快速而平衡生长。不管什么原因，如果发现树顶（中心干延长枝）被损坏或生长转弱，应立即用附近一枝强壮的分枝来代替它，并将新选出的领头枝垂直地绑缚在扶杆上。在8～9月份，将最低部位（距地面35㎝左右）的侧枝剪去。这是为了利用夏末秋初油橄榄最后一个高峰生长阶段来推动其向高生长，而侧枝则自然地就会以和谐的方式分布在各个方向，故不需要很多的修剪。

第三年护干。由于单锥树形修剪轻，生长迅速，到第三年时树高可达3m左右，由侧枝组成的树冠已经形成，同时已开始试花结果，表明其生长与结果之间已趋向初始平衡发展阶段。在这种情况下，修剪的重点转向树顶的整形操作上，及时疏除树顶的竞争枝，保留生长中庸的直立枝领头，严格控制领头枝的生长势，帮助侧枝生长和促进形成花芽。另外，侧枝在延长生长之后易出现低头下垂，长势转弱，此时，侧枝上的徒长枝增多，应通过夏季抹芽、冬季修剪清除徒长枝；还可采取缩小枝角的方法，保持枝头生长势，抑制徒长枝的发生。

第四年控干。此时树高基本定型，冠幅已达4m左右，全树约1/3的枝条形成了结果枝。这一时期的整形修剪任务旨在控制树顶和侧枝系统的修剪。应本着“剪大留小，剪粗留细，剪强留弱，剪长留短，剪直留弯”的原则进行修剪。当树顶过重或转弱时，选择1个垂直生长的中庸枝或旺枝更替，并把领头枝以下的竞争枝全部疏剪掉。同时对树冠内部的细弱枝和徒长枝加以疏除，并显露出永久性的主枝结构，这些主枝要沿着主干螺旋式分布，以便得到均匀的光照。以后的修剪主要是控制树高（不超过3m），同时按比例剪短侧枝。这时要保证树体的形状不被破坏和生长平衡不被打乱。树冠的宽度除了受品种和环境的影响外，还取决于种植密度，所以要避免树冠过分宽大，以利于耕作和群体的光照（图5-16）。

图5-16 单锥形

7. 自然扁冠形

扁冠形的主干低（30～50cm），中心干和两侧的主枝并列排在垂直的平面上，构成扁平形的树冠。这在意大利称掌形。因为这种树形容易自然形成，故称自然扁冠形。

自然扁冠形体积小，地上与地下部叶/根比值趋向平衡，通风透光好，果园群体和树冠光能利用率高，适合在我国日照较少的地区采用。

扁冠形培育技术与丫形类似，所不同的是扁冠形中心具有主干延长的中心干。主枝配置在中心干的左右两侧，交互对生，其基部邻近着生在主干上，与中心干夹角40°。其培育技术要点如下所述。

保持左右两侧主枝的延长枝的延伸方向和角度不改变。当主枝开角变小，顶端生长旺盛抑制了侧枝生长时，必须对树顶进行控制，最好的办法是在其下部选1枝方向合适、枝角开张、生长中庸的枝代替延长枝，同时把新选的延长枝的竞争枝短截或疏除，削弱顶端生长优势，促发侧枝。当延长枝生长转弱影响主枝延长生长时，则必然会出现部分侧枝旺长的情况，因而会破坏主枝的结构。这时既要再选1个生长旺枝作延长枝，也要把其他过旺的侧枝或徒长枝进行短截或疏除，以均衡树势。以侧枝为结果枝单元的主枝结构随主枝生长不断改变，需要每年修剪，调节生长与结果保持平衡，一般在生长期修剪效果好。

生长期修剪对油橄榄树造成的营养损失最小、伤害最轻且利于成花，此为生长期修剪的特点。因此，生长期修剪是比休眠期修剪更为重要的栽培措施。种植户既不注重休眠期修剪，更不了解生长期修剪的重要作用，是造成当前大多数油橄榄结果少或不结果的原因之一。生长期修剪分春、夏和秋季修剪，除特殊需要在夏、秋季修剪之外，一般以春季修剪为主。春季芽萌发，新梢、树干和根系生长旺盛，及早抹除萌芽和嫩梢，养分和水分损失最小，不带伤痕，利于树体快速生长，能提早结果。

通过生长期修剪，保持树冠结构稳定，主枝上的侧枝分布均匀，构成生长稳定的结果枝组。当主枝生长达到3m时截顶落头，这时树冠已形成，进入结果丰产期，整形已完成。往后，用综合栽培管理（包括修剪）维持生长与结果。

8．其他树形

油橄榄树栽植后不作任何修剪，放任生长就会形成自然树形，常见的有多干形和单干形。这些树形普遍存在树势失衡、大枝过多、内部光秃、果枝偏少等现象。

（1）树形特点

① 多干自然形　苗期不修剪，形成多主干，成活后任其自然生长，4～5年树冠形成开始结果，10年前后当年生枝长势弱，生理落叶严重，不再结果，

重修剪后，更新力较弱。多干形修剪更新后树冠发枝状况不一致，有些单株能萌发新梢，但生长弱，有些不萌发，枝干枯萎；有些去除多主干后造成偏冠且很难恢复（图5-17）。

② 单干自然形　单干自然形是指在苗期进行过修剪，定植后进行过定干整形，而后期没有进行任何修剪任其自然生长的一类树形。陇南油橄榄自然生长形成的树形比较普遍，单株主枝丛生，互相挤压，树冠通风透光差，生理落叶重，结果少。这种树形的树冠可分为3层，树冠顶部（徒长层）徒长枝多，营养生长旺盛，结果困难；中部（无叶层）主干枝生长密集，分枝稀少（无叶枝条），生长发育弱，不结果；中下部（落叶层）光照少，营养消耗大，生理落叶多，不能结果；内膛枝叶片几乎全部脱落，隐芽干瘪退化形成“光杆枝”，造成内膛空虚，叶幕层变薄，结果部位外移。生产实践证明，不加修剪，任其自然生长，则其在幼树时期枝繁叶茂，生长势喜人，且因主枝尚少，树冠小，光线能够进入树冠，营养充足，尚能结果。但其后随树龄增加，树冠扩大，粗壮的骨干枝多，树冠郁闭，光照不足，生理落叶加重，只能长树，不能结果（图5-18）。

图5-17　多干形

（2）整形修剪方法　实践证明，不整形修剪的放任树，一般十几年后，生长不良，衰弱早，经济产量年限很短。而整形修剪的树，主枝少，树冠整齐，分枝多，光照充足，生长势强，结果好。自然树形多种多样，可因树施策，采取以下原则和方法修剪调整（图5-19）：

① 因树修剪，随树作形　放任生长的油橄榄树由于管理粗放，普遍存在大枝密挤、树形紊乱等问题，在修剪时对树形的调整只能因树修剪、随树作形，这样有利于恢复树势，稳定结果部位。中心干明显的可改造培养成疏散分层形，否则培养成自然开心形，避免过分强求树形、大砍大锯，影响产量。对主干偏斜的小树必须扶正，油橄榄幼苗幼树主干柔软，定植后不绑扶杆往往会造成主干歪倒，发生很多

图5-18　单干自然形

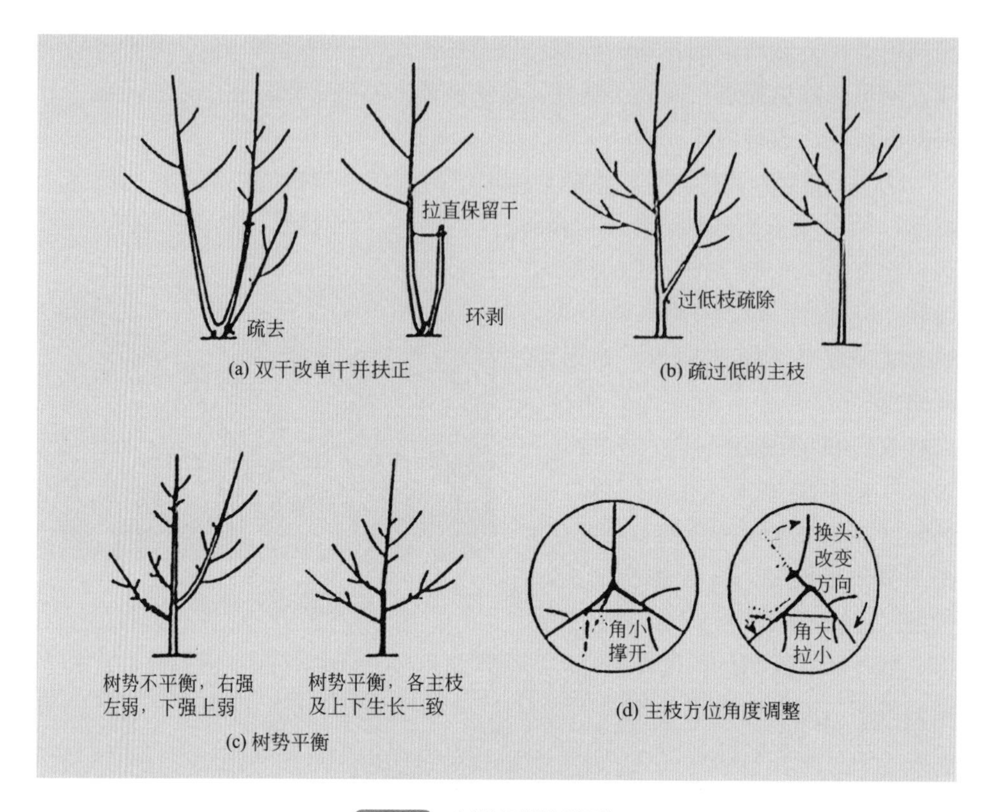

图5-19 自然树形的修剪调整

背上枝，形成“扫帚形”，必须趁幼树期树干较软时采用绑、拉、顶等方法及时扶正。直立强旺枝开大角度或适当回缩控势，维持各主枝间协调关系。

② 分析大枝，确定去留　放任树的大枝密挤，对过密的主枝可在最密处先疏去1～2个，余下还有密枝控势以主代侧，将多余的主枝加以回缩改造，先缩掉主枝的前半部，留下部分侧生枝或背后枝，作为相邻主枝缺枝处的侧枝补足空间。若选择疏散分层形，主枝可选6～7个，围绕这一目标逐年培养；若中心干不明显，可培养成开心形，选留3～4个主枝。将挤密的中心枝去掉，使圆头形树冠变成开心形，余下的主枝还挤密时，也可去掉1～2个大枝或回缩改造，可分2～3年完成。“树上长树”的情形应及时回缩或疏除，有空间时也可拉平改造成侧枝或枝组，为照顾产量和树势，欲除的大枝应逐年处理，一般可在2～3个年内疏完。这样既减少产量损失，又不造成地上、地下部生长失调，保证树势健壮稳定。

③ 缩外促内，均衡营养　对外围焦梢的枝条可进行适度回缩，促进内膛萌生新枝，恢复树势，一般应回缩至大枝上有健壮分枝处，分枝伸展方向应倾

斜向上，保持健壮，还要向外伸展，以利树冠扩大。对过于衰弱的下垂枝、死枝，均可疏除以促进树体营养生长。有的外围小枝密挤，树冠内光照不良的要缩外围密枝，改善内膛光照。

④ 大小结合，培养枝组　经过重剪的油橄榄树，内膛常萌发许多徒长枝，需及时改造为结果（母）枝组，避免出现“树上树”现象。培养枝组时要大、中、小结合，对原有枝组，本着“去弱留强，去下留上”的原则进行复壮，以提高结果能力。对新梢生长量小、焦梢严重的枝组应及时更新，疏去老枝长度的1/3，促发新梢；对极度衰弱的枝干可从大枝中下部的分枝处回缩促萌，更新树冠。

放任树的改造修剪大致三年可以完成。第一年，以疏除过多的大枝为主，主要解决树冠郁闭问题，一般盛果期大树的修剪量应为树体总量的25%～30%，过轻及过重均不利于生长和结果。第二年，以调整外围枝和处理中型枝为主，这一年的修剪量应占树体总枝量的15%～20%。第三年，以结果（母）枝组的复壮和培养内膛结果（母）枝组为主，修剪量应为树体总量的10%～15%。对下垂枝组3年生的可回缩剪除一年生枝，5年生的可回缩剪除一年和二年生枝。

栽培实践表明，我国油橄榄适生区以“稀枝小冠”最为适宜，因为我国油橄榄多栽培在土壤质地黏重、干旱缺水的山地上，限制了根系的生长发展范围，稀枝小冠栽培可以缓解“小根幅，大树冠”发展不平衡的矛盾。稀枝是无叶的分枝量（骨干枝）要少、有叶的枝量要多，构成树冠内外都能产果的小型树冠。在我国的短日照、高湿度地区，树冠叶幕层不宜太厚，枝量不宜过密，稀枝小冠可以增加有效叶枝量，扩大树冠有效光合面积，增加光合时间，提高光合效率，通风透光好，减轻病害感染，有利于成花结果。

综上所述，油橄榄是一种必须整形修剪的果树，合理的整形和修剪是调节其遗传适应性的有效措施之一，树形大小应与品种、生态条件、栽植密度等相适应。除篱状集约化高密度栽培外，对其他栽培模式而言，无论采用何种树形，都应遵循“因树修剪、随枝作形、有形不死、无形不乱”的整形修剪原则。

第五节　更新复壮

一、修剪复壮

早衰树是从幼树生长期进入结果期不久就表现出生长衰老症状的树。一般是结果1～2年或3～5年后，年久失管造成生长衰退形成“小老树”。1年生枝细而短，叶片小、颜色浅淡失绿，叶早落；蜗牛缠干，主干和大枝树皮发黄，韧皮部减薄；多年生枝干的不定芽萌发率和成枝力降低，形成结果枝困难，无产量。园地的土壤黏重、干旱，管理粗放，特别是修剪技术跟不上，结果后不重视修剪，都可能出现早衰。但树还年轻，有生理活力，配合土肥水管理措施，适度修剪，可以恢复树势，重新结果，但需要较长时间，一般认为“一年失管，三年恢复”。早衰树的修剪复壮难度较大，修剪技术掌握不好，复壮效果很差，甚至因修剪不适宜引起整株树的光秃或枯死。修剪这类树，一定要由精通修剪技术并具有丰富的果树栽培经验的专业技术人员指导进行。

早衰树的修剪方法为：早衰树多是由于年久失管、营养不良所致，因此在修剪的前一年首先要“大水大肥”，补充营养，增强树势。然后是调整主枝，要分年度将过多的主枝沿基部疏除，留下2～3个主枝构成新的树冠，即2～3主枝开心形。其次是调整侧枝，由于被保留主枝上的侧枝分布极不均衡，而且还表现为主从不分等现象，影响光合及结果枝组的形成，修剪侧枝的方法是先疏剪后回缩，疏去一些过密的分枝角度小、生长势强的大型侧枝，保留位置适当、生长充实的枝或新梢，使它成为新的侧枝。如果侧枝生长过长应回缩，使其永久从属于主枝而均衡树势。以后视侧枝的发育状况而逐渐地把它改造成结果枝组，并对老的结果枝组进行修剪更新，体现“干老（指主枝）枝不老（指结果枝组）”的生长优势，使结果枝保持生长健壮。

二、修剪更新

树冠衰老，萌发力低，新梢生长弱，枝叶残缺，但主干生命活力尚在，更新力强，适宜进行更新，重建新的树冠，恢复生产能力。通常采用以下方法进行树冠更新。

1. 截枝更新

截枝更新复壮修剪是地中海沿岸油橄榄种植者常用的更新方法，就是把衰老的主枝分年度从主干上疏除。目的是促进不定芽萌发，并为新梢生长开拓足够的空间。新梢就是树冠未来的主枝，这种新的主枝可获得充足的光照，生长快，分枝量多（有叶枝），叶木比增高，很快形成新的树冠，恢复产量，并能提高果实品质。

在土壤干旱、肥力低的情况下对树龄大、管理粗放、营养储备低的衰老树，多用隔年切除衰老枝的更新方式，逐渐恢复树势，最终完成更新修剪。由于被疏除的主枝都是粗大的衰老枝，故剪切口的位置是否正确，直接影响不定芽萌发新梢与生长。当实施剪去主枝时，剪口位置应在主枝的基部与主干相连接隆起处。剪口以下为有效不定芽的萌发区域。如果剪口过低，不仅伤害主干，还会抑制不定芽的萌发，造成更新困难。但剪口位置过高也会影响更新。剪去衰老枝后，不萌发新梢，在这种情况下，需采用另外的更新方式。

实施更新修剪时，第一年，截去左侧的主枝，第二年，剪口下萌发出较多的新梢。为培养健壮的主枝，选择分枝角适宜（35°～45°）、生长健旺的新梢作未来的主枝，对过多的新梢适当疏剪，以利主枝生长。同时对右侧的衰老枝进行回缩，为新梢的生长拓宽空间，打开光路。第三年和第四年，左侧的新主枝已经形成，并开始结果，再剪去右侧的衰老枝。次年新梢萌发后任其生长。随后，从众多的新梢中选择分枝角适合的健壮新梢作未来的新主枝。经过4～5年后形成新的树冠，同时又进入新的结果更新期。在栽培管理好的条件下，同一株树的一生中可以进行3～4次这样的更新复壮。

2. 截冠更新

即保留主干，将高大的衰老树冠全部或部分截除的一种更新方式。在地中海南部有些边缘的油橄榄种植区，因劳力限制，种植者不注重整形修剪，导致树冠高大，又称高头树。高头树的特点是具有一个非常高的中心主干（10～15m）和一个非常低的叶木比。其中心主干分枝多（主枝），内膛郁闭，光照差，枯死枝多，无效容积大，单株产量低。

高头树的修剪更新方法与步骤为：首先降低树冠高度。在树冠的第一层选择3～4个方位分布均匀的主枝保留，作为更新后树冠的基础主枝，在被保留的主枝上方，把中心主干截去，并涂抹伤口保护剂或白乳胶，主干采用缠遮阳网或报纸，或涂刷林木长效保护剂等措施遮挡强烈阳光，以防止造成树皮灼伤。此时，树冠高由5～10m降至3～4m。再将被选留的主枝重新回缩到具有1～4个侧枝处。对主枝的回缩要视树的活力而定，如活性尚在具有萌发力，可与中心主干同时回缩修剪，反之，隔1～2年，待树势有所恢复、萌发力增强时再回缩主枝。最后，通过疏剪定枝，使树冠的骨干枝（无叶枝）分布均匀有序，枝间空间大，分枝量丰富（有叶枝），形成叶木比高的新型圆头形树冠，4～5年后恢复生产力，果实的产量和品质提高。

3. 截干更新

此为截去主干，促进根颈上的球状胚性芽（营养包）萌发新梢，形成新的植株，恢复产量的一种更新方式。这是地中海沿岸传统的油橄榄老果园改造中常用的一种更新方法。

自然衰老和自然灾害（低温冻害、严重的干旱或水渍）都能使油橄榄生理机能丧失，除了表现在生长衰弱、落叶、小枝枯死、枝干萌芽稀少、产量低或不结果外，另一个重要标志是树干基部根颈处球状胚性体不定芽萌发力强，并能长成新植株。这表明截干更新适在其时。

截干更新的方法与步骤为：首先，把衰老的树干自地面根颈处截去，不留残桩。断面要光滑不起毛，为防断面积水，把干周的树皮削成斜面，以利排水，并涂抹伤口保护剂或白乳胶。截干后，根颈部的球状胚性体（营养包）上的不定芽萌发，产生大量的新梢。新梢生长密集、强弱不一，但在1～2年内不必修剪这些新枝梢而使之成为灌丛状，以尽快培育起充满活力的营养体，为根系生长提供养分。第三年或第四年，在根颈的左右两侧，选择3～4株生长势强、枝式和位置适合的幼株，培育新的树形，将周围其他所有的幼株疏除。第五年或第六年，在左右两侧各留1个树冠完满的壮株，把多余株疏去，这时更新已经完成，造成双干型的树形。

不论是修剪或更新成哪种树形，都要满足扩大有效结果部位，尽量使光照强的顶部、外围多结果，增加内膛光照，提高全株果实的含油率。

第六章　油橄榄嫁接技术

油橄榄树是嫁接容易成活的树种，一般在春、夏季进行嫁接。在生产上不管是育苗还是定植后的幼树、大树，经常使用以下的嫁接方法进行品种改良。

第一节　单（双）开门芽接

一、技术特点

嫁接时，将砧木切口两边的树皮撬开，似打开两扇门一样，故叫双开门芽接，因砧木切口呈“工”字形，故又叫“工”字形芽接。单开门芽接只撬开一边树皮，因二者方法相近故一起介绍。此法适宜生长旺盛期嫁接，成活后芽即萌发。

二、操作要领

使用双刃芽接刀横切一刀，使芽片和砧木切口长度相等，再在中间纵切一刀，然后将树皮两边撬开。如果是单开门，则在一边纵切一刀，而后将树皮撬开。接穗在芽的四周各刻一刀，取出长度和砧木切口相同的方块形芽片。

将接穗芽片放入砧木切口中，双开门芽接即把左右两边门关住，由于芽片隆起，故芽和叶柄正好在中缝中露出。单开门芽接要撕去一半树皮，另一半盖住芽片。用宽1～2cm、长20～30cm的塑料条捆绑，要露出芽和叶柄（图6-1）。

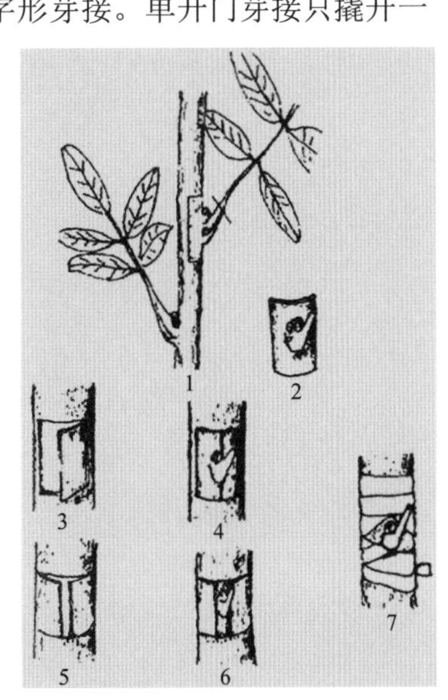

图6-1　单（双）开门芽接

三、愈合分析

芽片不带木质部，在内侧形成层能产生愈伤组织，当芽片较厚、操作时不伤内侧形成层时，形成愈伤组织可多一些。砧木木质部外侧形成愈伤组织，同时在芽片四周能形成较多的愈伤组织，将双方的空隙填满。

第二节　方块芽接

一、技术特点

嫁接时所取芽片呈长方形或正方形，砧木上也切去一片方块形树皮，故称方块芽接。此法不能带木质部，一定要在形成层活跃的生长期进行。方块芽接操作比较复杂，但是取芽片较大，和砧木接触面大，对于芽接不易成活的品种比较适宜；接后芽容易萌发。

二、操作要领

图6-2　方块芽接

使用双刃芽接刀在砧木平滑处横纵各切一刀，再用刀尖挑去方块形砧木皮。接穗在所选芽的横纵处各切一刀，取出同样大小的长方形或正方形芽片。

手拿叶柄，将方块形芽片放入砧木切口中，用宽1～2cm、长20～30cm的塑料条，将伤口捆绑起来，露出芽和叶柄（图6-2）。

三、愈合分析

芽片内侧的形成层能产生愈伤组织，芽片比较厚，同时不能擦伤芽内侧的形成层，并且保持清洁，有利于愈伤组织的形成。去皮砧木木质部外侧形成层能形成比接芽块多的愈伤组织，达到内外愈合。另外，在砧木方块切口的四周也可产生数量较多的愈伤组织。所以在嫁接时，愈伤组织可将双方之间的一些空隙填满。如果接穗芽片削得过大，将芽片硬塞进去可能损伤芽片，则影响成活，故当芽片和砧木切口难以相等时，宁可芽片略小一些，也不要使芽片大于砧木切口，最好用双刃芽接刀操作。

第三节　嵌芽接

一、技术特点

砧木切口和接穗芽片大小形状相同，嫁接时将接穗芽片嵌入砧木中，故叫嵌芽接。嵌芽接是带木质部芽接的一种重要方法，常于秋后及春季进行，嫁接速度快，成活率高。

二、操作要领

对于苗圃地的小砧木，可在离地面约3～10cm高处去叶，然后由上而下斜切一刀，深入木质部。再在切口上方2cm处，由上而下地连同木质部往下削，一直到下部刀口处，取下一块砧木。接穗切削和砧木相同，先在芽下部向下斜切一刀，再在芽上部由上而下连同木质部削到刀口处，两刀相遇取下接穗。

将接穗的芽片嵌入砧木切口中，下边要插紧，最好使双方接口上下左右的形成层对齐。用宽1～2cm、长约20～30cm的塑料条自下而上捆紧包严。秋接一般当年不萌发，可用全封闭捆绑；春季嫁接应露芽捆绑（图6-3）。

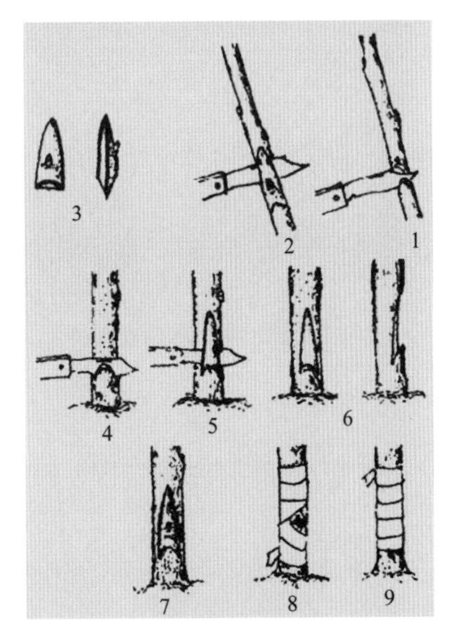

图6-3　嵌芽接

三、愈合分析

进行嵌芽接，在技术比较熟练时，可以使砧木伤口的形成层和接穗的形成层全部对齐。所以，当双方产生愈伤组织后，很容易互相连接。砧木形成愈伤组织多而快，接穗切削选择芽片大一些、厚一些，生活力强。另外，木质化程度高、较充实的接穗芽片生活力也强，形成愈伤组织多，成活率高。

第四节　带木质T字形芽接

一、技术特点

和不带木质T字形芽接相似，但接穗切削时带有木质部。这种方法适合于离皮困难的接穗，如经远距离运输的接穗往往不易离皮，还有接穗的芽明显凸起也适宜用此法。此法嫁接速度快，但成活率较不带木质T字形芽接方法差一些。

二、操作要领

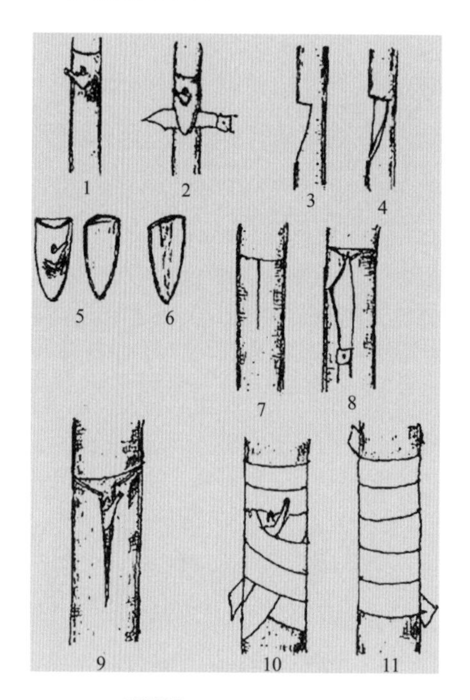

图6-4　带木质T字形芽接

砧木切削和T字形芽接相同。接穗切削有2种情况：一种是带全部木质部，采用两刀取芽法，一刀在芽上方约0.5cm处横切深入木质部，另一刀在叶柄下0.5cm处自下往上深入木质部，削到横切刀口处，即取下带木质部的芽片。另一种是少带木质部，对于芽凸起的接穗宜用此法。切削时，在芽上端的横刀深入木质部要浅一些，第二刀带木质部往上削，取芽时左手弯曲枝条使芽隆起，右手拿住叶柄自上往下取出芽片。用刀尖将砧木“T”字形口两边树皮撬开，把芽插入，使芽片上边和“T”字形横切口对齐。用宽1～2cm、长约20～30cm的塑料条捆绑，方法同上（图6-4）。

三、愈合分析

T字形芽接有3种情况：一种是不带木质部，接穗芽片内侧形成层和砧木木质部外侧的形成层相接，由于双方相贴非常紧密，双方愈伤组织容易愈合。第二种是接穗带木质部，在木质部处不能生长愈伤组织，只是在芽片周围形成层处能长出愈伤组织，同时与砧木难以密切接触，所以成活率不如前者。第三种是接穗带少量木质部，可以填补芽凸起的内侧空隙，有利于双方密切接触和愈合。

第五节　不带木质T字形芽接

一、技术特点

嫁接时，在砧木上切“T”字形接口，故称T字形芽接，又叫丁字形芽接。此法操作简易，速度快，且嫁接成活率高。砧木一般用1～2年生树苗，也可以接在大砧木的当年生新梢上，老树老干老皮不宜用此法。

二、操作要领

T字形芽接都在生长期进行。在砧木离地约5～10cm处进行嫁接，先把叶片清除，然后切一个“T”字形口，先切横刀，宽度约为砧木周径的一半。在横刀中部向下纵切，长约1cm。接穗采用两刀取芽法，即一刀是在芽的上端约0.5cm处横切，宽约为接穗粗度的一半；另一刀是从叶柄以下约0.5cm处开始，由下往上切削，深入木质部向上削到横切处。然后手拿叶柄向一边移动即可取下芽片，木质部留在接穗上。

嫁接时左手拿住芽片，右手用刀尖将砧木“T”字形口两边的树皮撬开，把芽片下端放入切口内，拿住叶柄往下插然后往上推，使芽片上边与“T”字形口的横切口对齐。而后用宽1～2cm、长约20～30cm的塑料条自下而上绑严扎紧。包扎有2种方法：一种是将芽和叶柄都包起来，这种方法操作快，防雨的效果好，但由于芽无法萌发生长，所以适合于嫁接后当年不萌发的芽接，次年春季萌发时要及时观察放芽；另一种是包扎时露出芽，但四周要绑紧，此法适合于当年萌发的芽接，避免放芽麻烦（图6-5）。

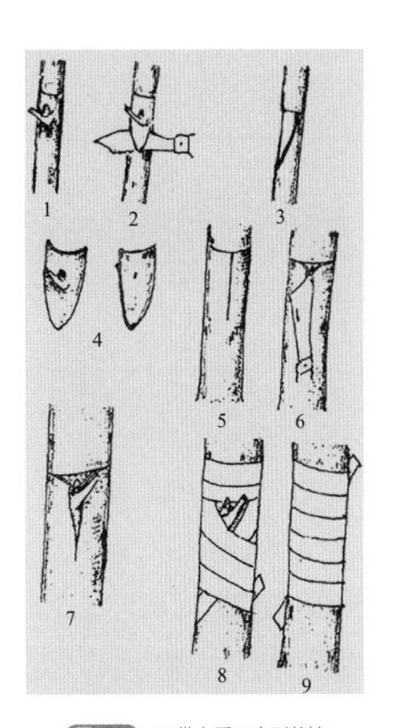

图6-5　不带木质T字形芽接

三、愈合分析

参见接穗带木质部T字形芽接方法的愈合分析。

第六节　单芽切接

一、技术特点

单芽切接和切接相似，但是所用接穗不是枝条而是单芽，故称单芽切接。也可以用切贴接的方法来接单芽，这是接在砧木顶端的春季芽接。由于有顶端优势，一般成活后萌芽生长较快，多用于油橄榄这种常绿树嫁接。

二、操作要领

一般用小砧木，大砧木需接在小的分枝上。嫁接时先将砧木接口处剪断，在伤口处与接穗直径相同的部位从上而下切一刀，深约4cm。接穗在接芽上方约1cm处剪断，再在芽的下方1cm处往下深切一刀，深度达接穗直径的一半。而后再从剪口断面直径处往下纵切一刀，使两刀口相接，取下芽块。

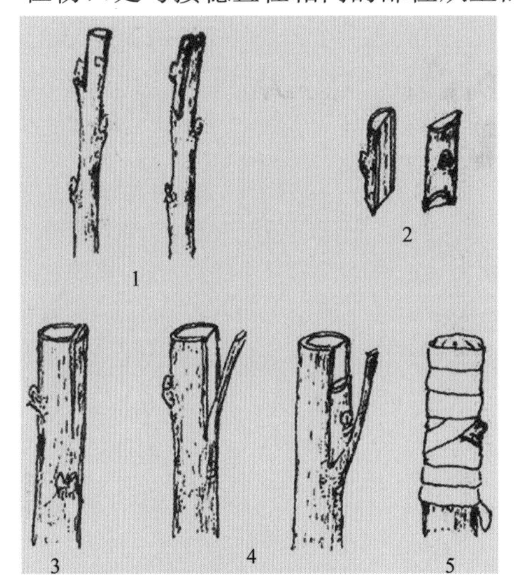

图6-6　单芽切接

将取下的芽块插入砧木的切口中，由于其下端呈楔形，因而可以插得很牢，使左右两边或一边形成层对齐。砧木也可切去部分外皮，包扎更方便。接后用1～2cm宽、20～30cm长的塑料条捆绑接合部，上部的砧木伤口也要捆严，但要露出接芽。如果砧木较粗，接口可套一个塑料袋或用地膜包上并捆紧（图6-6）。

三、愈合分析

这种方法可使砧木和接穗左右及下部形成层都能相接，愈伤组织形成后能很快连接。在嫁接时，芽片要适当大一些、厚一些，这样含养分多，形成愈伤组织也多，容易成活。

第七节 单芽腹接

一、技术特点

切取一个带木质部的单芽，嫁接在树干的中部，故叫单芽腹接。此法节省接穗，也不必蜡封，嫁接方法比较简单，能补充大树的枝条，在油橄榄多头嫁接时经常采用。

二、操作要领

在砧木枝条中下部的合适部位，自上而下斜向纵切。从表皮到皮层一直到木质部表面，向下切入约3cm，再将切开的树皮切去一半。接穗可用两刀切削法。操作时，反向拿接穗，选好要用的芽，第一刀在叶柄下方斜向纵切，深入木质部。第二刀在芽上方1cm处斜向纵切，深入木质部并向前切削，两刀相交，取下带木质部的盾形芽片。

将芽片插入砧木切口中，下边插入保留的树皮中，使树皮包住接穗芽片的下伤口，但要露出接穗芽。要把芽片放入砧木切口的中间，使双方形成层四周都能相接，而后用1～2cm宽、20～30cm长的塑料条绑扎严实。如果当年不萌发则用全封闭绑扎，接后需萌发则绑扎时露出接芽（图6-7）。

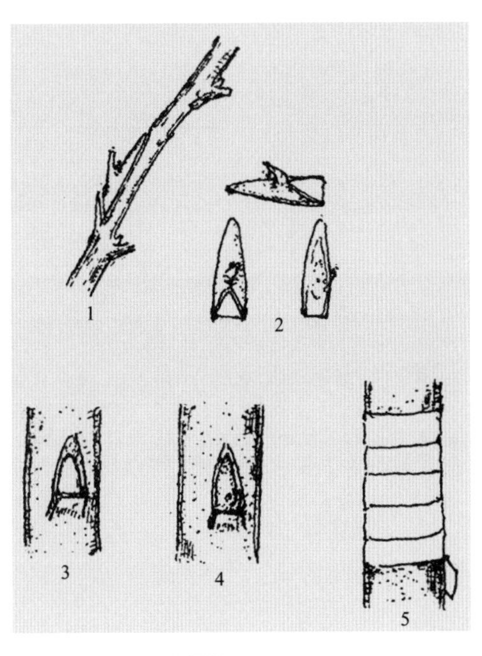

图6-7 单芽腹接

三、愈合分析

在砧木切口处形成层都能生长愈伤组织，同时在下边包住接穗芽片的树皮内侧，也能形成愈伤组织。接穗形成愈伤组织较少，但形成较快。如果要求接后萌发，要选用即将萌发的饱满芽。

第八节　皮下腹接

一、技术特点

接穗嫁接在砧木的腹部，但和插皮接一样，是插在砧木的树皮与木质部之间，故叫皮下腹接。皮下腹接适宜在大砧木上应用，可填充空间，增加内膛枝条，达到立体开花结果、提高产量的目的。

二、操作要领

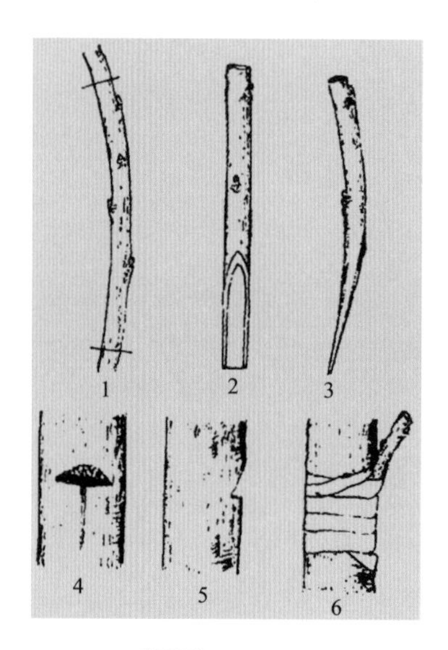

图6-8　皮下腹接

在砧木需要补充枝条的部位，选择树皮光滑无节疤处切一个T 字形口，在T字形口的上面，削一个半圆形的斜坡伤口，以便使接穗顺坡插入树皮内。采用蜡封接穗，最好用弯的枝条，在其弯曲部位外侧削一个马耳形斜面，斜面要长一些，约5cm。接穗一般留2～3个芽。也可以多留芽，使之嫁接成活后多长枝叶。

将接穗插入T字形嫁接口，从上而下地将马耳形伤口全部插入砧木皮内形成层处，不露白。由于砧木较粗，所以包扎时要用较长的塑料条，宽约4cm，要把T字形口包严。如果砧木过粗，包严接口比较困难，也可以用接蜡将伤口封堵，以防水分蒸发和雨水浸入（图6-8）。

三、愈合分析

由于砧木粗壮，伤口较小，所以砧木接口处愈伤组织生长快而多，能迅速把空隙填满。接穗以用弯曲枝条较好。如果用直立枝条作接穗，一般插入部分有空隙，会影响双方的愈合。油橄榄枝条细软，接穗插入捆紧后砧穗能紧贴相接，成活率高。

第九节 腹 接

一、技术特点

将接穗接在砧木中部，像人体腹部的位置，故叫腹接。腹接采用高位截头，断面小，容易愈合；在主干和主枝上采用螺旋多点位嫁接，可增加树木内外膛的枝量，大树高接时，可增加内外膛枝条，达到快速形成树冠的效果；嫁接时锯砧、削插接穗、包扎、涂抹锯口等环节可由多人分别完成，采用流水作业，速度快，效率高。根据取接穗长短可分为长穗腹接和短穗腹接，接穗较多时用长穗腹接，接穗较少时用短穗腹接。腹接是陇南市经济林研究院油橄榄研究所近年来试验推广的大树品种改良、高接换优的主要技术，具有砧木断面小、愈合容易、成活率高、形成树冠快、可提早结果等特点。

二、操作要领

在合适的砧木部位，右手拿刀从上而下斜切一刀深入砧木木质部，伤口长3～4cm。左手持穗条，右手持刀削接穗，短穗长2～3cm，上端留1～2对芽；长穗长5～20cm，上端留4～6对芽，不论是长穗还是短穗，下端均削成2个马耳形斜面，一面长一些，约3～4cm，另一面短一些，约0.5～1cm。

接合时右手拿接穗将大斜面朝里、小斜面朝外插入，接穗两边或一边形成层和砧木形成层对齐。而后用塑料薄膜包扎（图6-9）。

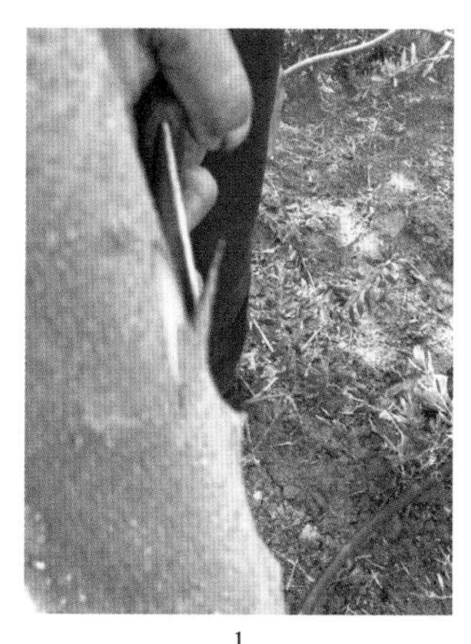
1

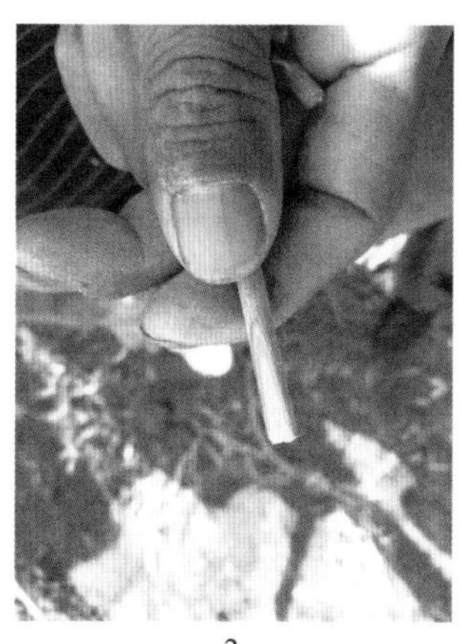
2

3

图6-9

4

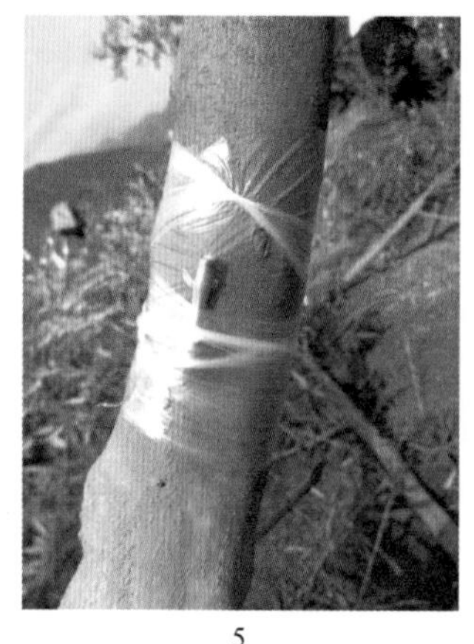
5

6

图6-9 腹接实操组图

三、愈合分析

采用腹接法，嫁接速度比切接还要快，技术熟练时三边的形成层都能相接，同时砧木能夹紧接穗，使双方愈伤组织容易连接。

第十节 插皮接

一、技术特点

插皮嫁接法成活率高，在高接换优时很快形成新的树冠，结果早。插皮接的适宜时期是春季，当生长开始，树液流动，树皮易于剥离时即可嫁接。高接接穗应采自本园或当地的优良品种树上，用2～3年生的健壮枝条为接穗，穗长4～6cm、粗0.3～0.8cm。插皮接也是陇南市经济林研究院油橄榄研究所在油橄榄大树高接上普遍采用的方法之一。

二、操作要领

1．截冠

将砧木树选择适当的高度截去树冠，保留主枝和侧枝。嫁接部位过高，操作困难，成活后新梢生长势弱；嫁接部位过低，嫁接断面大，伤口愈合慢，容易受病菌感染，所以，一般嫁接部位离地面的高度以不超过1.5m为宜（图6-10）。一般适宜嫁接的主干或侧枝粗度应在20cm以下，以枝粗10cm最适宜。

为了防止截枝时枝条劈裂影响嫁接，应先在大枝的背下锯断枝粗的1/3，再从枝的背上锯断枝条。锯口用嫁接刀削光滑，锯口下保留1～2个带叶小枝，称为“拉水枝”。

图6-10 截冠高度

2．嫁接方法

插皮接时针对砧木粗细选择单穗或多穗插皮接，如果砧木枝粗<5cm，插1根接穗，枝粗5～10cm，插2根接穗，枝粗>10cm，插入3～4根接穗（图6-11）。

削接穗时左手持穗条，右手拿刀，先在一对饱满芽之间向下0.5cm处长斜削一刀，削面长约3～4cm，背下短削一刀，在芽上部0.5cm处剪断，插穗即剪成。再用嫁接刀在砧木断面边缘垂直下划一刀，刀口深达木质部并与接穗斜面等长，将接穗长斜面靠木质部插入，注意留白，便于愈合。然后用5～10cm宽塑料薄膜将砧木断面连同接穗包扎严实（图6-12）。

图6-11 插皮接实操图

图6-12 插皮接包扎实操图

第十一节 接后管理

俗话说“三分接，七分管”，无论是哪种嫁接方法，要保证较高的成活率，尽快形成树冠，都要重视接后管理。若只接不管或管理粗放，会引起接口愈合不良、接桩干枯、树皮坏死、接穗长势弱甚至回芽死亡以及出现接穗劈裂等现象，必须重视接后管理。具体管理内容如下所述。

一、包裹树干

截掉树冠后，主干失去了树冠的遮阴，暴露在强光下容易产生日灼，为此要用废报纸、遮阴网包裹树干或用涂白剂、林木长效保护剂涂刷树干，以保护树干免受灼伤（图6-13、图6-14）。

图6-13 接后报纸护干

图6-14 接后遮阴网护干及新梢生长情况

二、除萌蘖

高接当年不仅接穗抽发的新梢生长旺盛，还会使大量隐芽萌发，从嫁接树的主干和根颈部萌发很多繁茂的萌蘖，与接穗生长的新梢争夺养分和水分，影响嫁接口愈合及新梢生长。所以应及时清除萌蘖，要除早、除小、除净，在生长期多除几次。

图6-15 放芽

三、放芽

油橄榄嫁接一个月后要进行巡视，发现愈伤组织形成和萌芽就要及时挑开蒙在芽上的薄膜，先开小口放风，再开大口拨出萌芽，让其展叶（图6-15）。

四、解绑

高接成活后新梢长到20～30cm时，要逐步解除包扎的塑料带及绑扎物，进行松绑。

五、立支柱

高接成活后抽生的新梢生长都很旺盛，特别是长穗腹接后新梢生长时萌发许多副梢，枝叶密集，此时，砧穗结合尚不牢固，抗风能力弱，极易遭受风折、劈裂危害。为此，在解除绑带的同时应设立防风支柱，把新梢绑缚在支柱上，待接口愈合牢固，新梢已全部木质化后再撤去支柱（图6-16）。

图6-16 立支柱

六、高接树的修剪

为了迅速扩大嫁接树的树冠，形成合理的结果构架，提早结果，在嫁接后的第2年，就必须对高接枝上萌发的枝条进行修剪调整。首先确定树形（即树冠形状）。嫁接树以开心形整形为宜，它近似树冠的自然形态。开心形可留3～4个主枝，将多余的或与主枝竞争的大枝疏除（图6-17）。

图6-17 嫁接树的修剪

第七章　油橄榄果实采收

收获果实是种植油橄榄的主要目的。油橄榄果实成熟和采收期因品种、树龄、长势、单株结果量及栽培区气候、土壤条件、栽培技术措施等的不同而有迟早。在同一地区、同一品种不同年份，或果实的用途不同，采收期亦不相同。同一棵树，结果部位不同，油橄榄果实着色、成熟及含油率亦不相同（图7-1）。因此，正确的果实采收期应以果实的成熟度为依据，适时采收，才能获得产油量高的果实及质量好的橄榄油。餐用（罐装果）和油用（榨油）因加工方法和用途不同，所要求果实的成熟度不同，但都以果实的形态成熟度为标准。

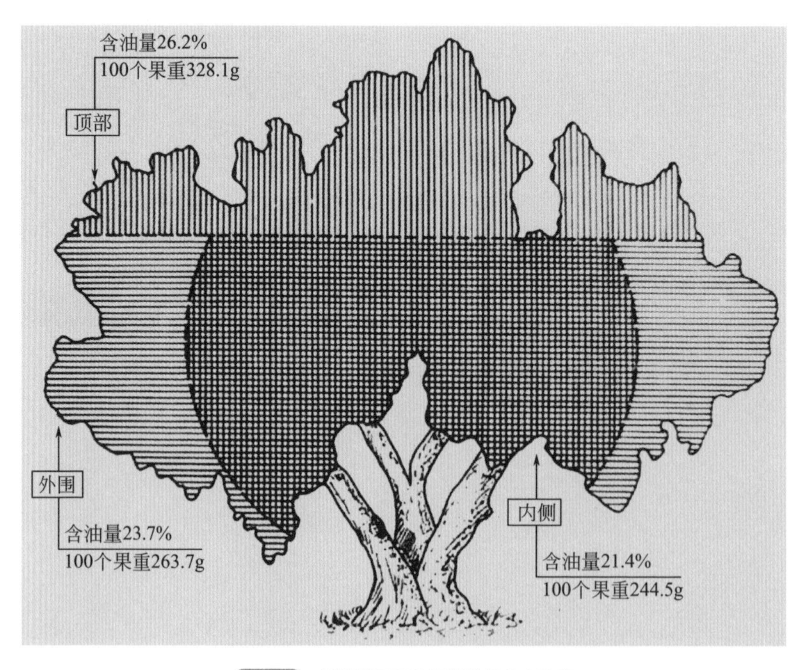

图7-1　油橄榄不同结果部位果实含油率

第一节　采收时期

一、果实成熟度

成熟度是确定采收时期的重要依据，国际上油橄榄果实成熟度是以成熟度指数判定的。成熟度指数是通过对果皮和果肉颜色的分级来划分果实成熟度的定量指标。它有助于橄榄园的管理者和榨油企业适时了解果实的品质特点，从而决定合理的采收时间。

1. 餐用果成熟度

加工方法不同，要求不同的果实成熟度，所以应在果实的不同成熟阶段采收。

(1) 乳酸发酵法　果实大小已定型，但果实的含油量较低，其应有的风味和香气尚未充分表现出来，果肉质硬，果皮已由深绿转为浅绿或麦秸黄绿色，为适宜采收期。

（2）青橄榄果加工法　果皮底色仍为麦秸黄绿色，局部呈粉红色或淡紫色，果肉质地半软，为适宜采收期。

（3）希腊式浓盐水加工法　果皮呈紫色，果肉变软，此时为适宜采收期。

（4）盐水烘干加工法　果皮紫黑色，有光泽，局部皱皮，果肉深紫色，肉质软绵，即为适宜采收期。

2. 油用果成熟度

果实的色泽和含油量的变化，能够及时准确地反映出果实的成熟度。油用果实的成熟是从出现紫红色的斑点时起，到果皮和果肉变成最终紫黑色时为止的果实成熟过程。但对大多数品种来说，一株油橄榄树的全部果实不会同时成熟，实际上果实是分期成熟的。据试验观察，果实的成熟大体上可分为3个时期，即着色期（始熟）、转色期（中熟）和黑色期（完熟）。同一品种果实的含油率高低，取决于果实的成熟度，其中以完全成熟的果实含油率最高。但随着果实由中熟变完熟，所榨油的多酚含量会逐渐减少，油的质量会逐渐降低。因此，对于大宗初榨橄榄油生产而言，判断最佳采收期就是找到较高出油率和较好油品质量的结合点。

（1）着色期（始熟）　果实膨大停止，体积大小已定，果核已硬化（种子已成熟）。果皮由青绿色转为麦秸黄绿色，果面布满灰白色果粉。果肉白色，肉质较硬。已有油脂，但含油率较低，约占完熟果含油率的20%左右。此时不适宜采收。

（2）转色期（半熟） 果皮由麦秸黄绿色渐变成紫红色，树冠外围的大部分果实变为红紫色或黑紫色。果肉紫红，肉质较软。手捏果实可挤出油脂果汁，含油率已达完熟果的80%左右。但在树冠内的大多数果实还处在青绿色或黄绿色，含油率低。此时多酚含量高，油质好，油呈现翡翠绿色，果香味（青草味）浓，但出油率较低，较适宜采收。

（3）黑色期（完熟） 全株树的青绿色果已消失，大部分果实呈黑紫色或黑色，有光泽。果肉紫红色直达果核，肉质软绵，部分果皮因失水而皱缩，自然落果增多。此时多酚含量降低，果实含油率最高。油金黄色，油质佳，味纯香，为适宜采收期。如果再往后延迟采收，果树落果严重，大量果实失水干缩；寒冷地区果实会遇到早霜冻，这种果实所榨的橄榄油风味变差，在感官评价中就会出现干木头味或酸黄瓜味等负面味道。

二、成熟度指数

油橄榄果实成熟度国际上通常用成熟度指数（MI）来表示。无论是生产餐用品种还是油用品种，果实的成熟度直接影响到产品的品质和出油率。因此，确定合适的采收时间是橄榄园管理的关键之一。

油橄榄果实成熟度指数是通过对外果皮和果肉的颜色分级来直观地描述划分果实成熟度的定量指标。计算时首先在园中选择样树，环样树一周，成年树在齐肩高的树冠中部各个方位均匀盲采样果100颗，将样果按照颜色从绿（0）到紫红、直到紫黑色（7）的8个色度分类（表7-1、图7-2），并数出每一个成熟级别的果实数，用加权平均法求算出成熟度指数MI（公式如下）。一般餐用青果成熟度指数在2～3时采收为宜，油用果成熟度指数在4～6时采收为宜。

表7-1 油橄榄鲜果成熟度分级表

成熟度类别编号	定义
0	果皮深绿色，果汁无色
1	果皮呈黄绿色，果汁白色
2	不到1/2的果皮转为红色，果汁乳白色
3	超过1/2的果皮转为红色，果汁乳白色
4	果皮紫红色，果肉白色
5	不到1/2的果肉转为红或紫色，果汁粉红色
6	果皮紫红色，超过1/2的果肉转为红或紫色，果汁粉红色
7	果皮紫黑色，果肉全部转为红色或紫黑色，果汁酒红色

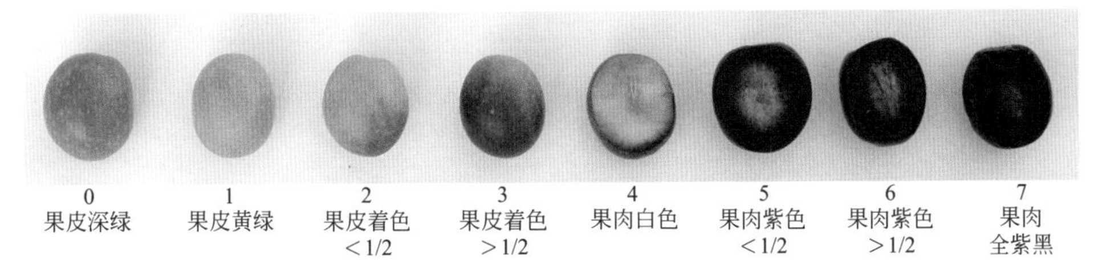

图7-2 果实成熟度指数判定标准图

计算公式如下：

$$\mathrm{MI}=\frac{0\times a+1\times b+2\times c+3\times d+4\times e+5\times f+6\times g+7\times h}{100}$$

式中，a，b，c，d，e，f，g，h分别表示每一个成熟级别的果实数。

三、不同品种成熟期

根据陇南多年观察，其主栽品种成熟期分三个期组采收：

A组（早熟品种）为城固32号；

B组（中熟品种）为莱星、阿斯（中山24）、佛奥、豆果；

C组（晚熟品种）为鄂植8号、皮瓜尔、皮削利、科拉蒂、阿尔波萨纳、奇迹及其他品种。

四、果实分级标准

1. 收购标准

根据加工企业经验，确定了“五收八不收”收购标准，“五收”是指：良种果、成熟果、新鲜果、干净果、筐装果；“八不收”是指：生果、落地果、霉烂果、病虫果、干瘪果、带伤果、袋装果、散装果。

2. 等级标准

根据群众多年的种植经验和鲜果质量对橄榄油品质的影响程度，借鉴国内外经验，结合我国油橄榄产区实际，本着“客观公平公正、外观特征显而易见、收购标准容易掌握、便于公司加工生产、优良品种优质优价”的原则，以成熟度、新鲜度、干净度三要素确定为三等六级（表7-2）。

表7-2 油橄榄鲜果收购等级表

等	级	品种	成熟度（以成熟度指数计）	新鲜度（以好果率计）	干净度（以含杂率计）	备注
一等	Ⅰ级	莱 星 佛 奥 科拉蒂 皮瓜尔 奇 迹	4，5	90%～100%	0～1%	仅含少量叶片，有新鲜橄榄果清香，果实无病虫、无创伤
	Ⅱ级		3，6	80%～89%	2%～3%	
二等	Ⅰ级	豆 果 阿尔波萨纳 皮削利 鄂植8号	2	75%～79%	4%～5%	仅含少量叶片、细枝，有橄榄果清香，果实无病虫、无创伤
	Ⅱ级		7	70%～74%	6%～7%	
三等	Ⅰ级	阿 斯 城固32号 及其他品种 混合果	1	65%～69%	8%～9%	含较多叶片、细枝，有一定橄榄果清香，有少量病虫果、创伤果
	Ⅱ级		7	50%～64%	10%	
等外		混合果	0，7	50%以下	10%以上	含大量叶片、枝条和土块、石块及其他杂物；果实有病斑虫孔，果面粘有泥土；有发酵的酒酸味、湿霉味和其他杂味

五、果实采收时期

就地理位置而言，一般根据先低纬度地区后高纬度地区、先低海拔区后高海拔区、先阳坡后阴坡确定采收期。对于油用品种而言，当树上看不见青绿色的果实时，含油量达到了最高值。因此，除了根据果实的成熟度确定适时采收之外，还应在树上见不到青绿色的果实时开始采收。另外，如果想得到更多有橄榄果香味的橄榄油，采收时间可以提前到果实中等成熟的末期（成熟度指数4）或完全成熟的初期（成熟度指数5），以损失少量油的代价换取色、香、味俱佳的橄榄油。提前采收，不仅能够提高油的品质，也可以减轻大小年。早采收的果实榨出的油一般呈墨绿色或翡翠绿色，含叶绿素丰富，芳香化合物和多酚含量高，果味浓。提前采收，可使果树减少养分消耗，积累营养，提高花芽分化率，有利于下年的产量，对于调节结果大小年有积极作用，即大年早采收、小年迟采收。

过了最佳采收期，绝对含油量再不会增加，只是果实含水率下降，表象为出油率升高，油品质量及总产油量还会下降。同时，早熟品种如城固32号的自然落果率增加，而引起采果量下降。落地的果实，不仅含油率下降，而且由于发酵使得油的酸度增高，风味变差，有异味，质量低劣，甚至不能直接食用。因此，在采收季节，必须及时采收。只有在果实成熟的最佳时期及时采收，单位面积（或单株）的橄榄油产量和质量才最好。

第二节 采收方法

油橄榄是鲜果榨油，采收是油橄榄生产中的一个重要环节，也是保障橄榄油品质的一项重要技术措施。我国油橄榄多种植在山区，随着种植面积逐步扩大、结果量不断增加，人工采摘成本已经占到生产成本的30%左右，鲜果采收问题成为油橄榄生产上的一个制约难点。如何科学高效采收，更是降低橄榄油生产成本的一个技术经济问题。

采摘方式一般分为人工采摘和机械采摘两种。人工采摘费工费时、成本高、效率低，但采摘的果实洁净度高，创伤小，果实品质好，对提高橄榄油品质有很好的保障作用，目前中国油橄榄产区主要靠人工采摘。机械采摘较人工采摘效率高，但采摘质量不高，采果不干净，对树体伤害大。原产地由于人工成本高，油用果绝大部分靠机械采收。为了保证品相，餐用果仍然以人工采收为主。

一、人工采收

手工采果时，地上铺收集网，工人站在地上、梯子上或升降平台上，用手把橄榄果从果枝上摘下来，随即装进篮子里。采罐装果时，要选摘果实的成熟度和大小一致、果面光洁无污斑、无损伤的果实，并将摘到的果轻轻地放入篮子或布袋里。采摘油用果时，不需要选择采摘，应把树上的全部果实都采下来装入果筐里（图7-3）。

图7-3 人工采收油橄榄鲜果

在手工采果中常用击落法采果。采果前先清除地面杂草，在树冠下铺上尼龙收集网，用3～4m长的竹竿敲打那些手臂触及不到的果实，并使打下来的果落到树冠下的尼龙网上。因用敲打的方法会毁坏一些下年能结果枝芽，因此，要尽量横向直接敲打结果枝。

手工采摘，虽然用工多、效率低、费用高，但在采摘时能够把好果和坏果分开，节省了选果工序的用工，保证了果实的质量和纯净度，产油量高，油质好，而且不伤树，被视为最好的收获果实的方法之一。采摘后要用硬塑料果筐装运，切忌用软袋装运，不能及时运走的放在树荫下或果筐上覆盖橄榄枝遮阴。

二、机械采收

1．大型采收设备

为适应现代油橄榄集约化生产需要，国外油橄榄主产国应用不同类型的大型采收设备采收橄榄，有振动伞采果机（图7-4）和骑跨式采果机（图7-5）等，但这些大型设备不适合我国山地陡坡种植的油橄榄。

图7-4 小型振动伞采果机

图7-5 大型骑跨式采果机

2．便携式采收设备

为了适应山地油橄榄园的采果需要，我国油橄榄种植区引进了手持振动耙、手持滚动轮等微型采果设备，以蓄电瓶或小型汽油机做动力，灵活轻巧，将这些微型机械采果与人工采摘配合，提高了采收效率，降低了采收成本。

手持振动耙采果，一般采用蓄电瓶、发电机供电或背负式汽油机作为动力来源，使用时首先在树下铺设尼龙收集网，用手持振动耙震落油橄榄鲜果，自上而下，依次采收干净，捡净枝叶，装入果筐运输。这种采摘方式适合于山地果园应用，极大提高了采摘效率，一般每人每小时可采收30～50kg果，可有效降低采摘成本（图7-6）。

图7-6　振动耙采收油橄榄鲜果

第八章　油橄榄病虫害防治

油橄榄是引进物种，本土病虫对其为害较轻，但随着全国范围内种植面积的扩大和种植时间的延长，国内外引种交流以及本土病虫对其食源和寄主的适应性，为害油橄榄的病虫种类逐步增多，个别病虫在局部区域有逐步加重蔓延的趋势。因此，防治病虫害已成为油橄榄产业发展和提质增效的重要措施之一。

油橄榄是常绿阔叶树种，在其全部生命周期中均可能遭受病虫的危害。从2013年以来，通过王洪建、张正武、吕瑞娥等专家的长期广泛调查观测（图8-1），目前为害油橄榄的主要病害有：孔雀斑病、炭疽病、叶斑病、煤污病、黑斑病、褐斑病、黄萎病7种。

为害油橄榄的主要虫害有：大粒横沟象（*Dyscerus cribripennis*）、云斑天牛（*Batocera horsfieldi*）、蚱蝉（*Cryptotympana atrata* Fabricius）、油橄榄蜡蚧（*Saissetia oleae*）、桃蛀螟（*Dichocrocis punctiferalis*）5种。下面简要介绍主要病虫害为害症状、发生规律及防治方法。

图8-1　油橄榄病虫害调查

第一节　孔雀斑病

孔雀斑病是地中海地区油橄榄的常见病害，为害区域广、发病重。另外，在美国加州和南美洲的阿根廷、墨西哥等地油橄榄也普遍发病。

油橄榄孔雀斑病随引种传入我国，在油橄榄种植区均有发病，致使大量落叶、落果，造成严重减产及经济损失，但近年来为害有所减轻。

一、为害症状

此病为害叶、果和枝，以叶、果受害最重。发病初叶片上呈现褐黑色小点，后逐渐扩大，形成褐色的同心圆环状病斑，中心处颜色稍浅。温度、湿度适宜时，病斑周围有浅黄色晕环，形如孔雀羽斑，故名孔雀斑病。在叶片的上表面常有一至多个明显的病斑，病斑多时常连接成片，呈云斑状，多集中在主脉及叶柄处。病斑在叶片的下表面呈浅褐色，不明显。病斑发展到最后，直径可达5～12mm（图8-2）。病斑在果实上初为褐黑色小圆斑，以后继续扩展成霉环状，并稍有下陷。严重感染的病株往往大量落叶，新梢枯死，不仅影响当年新梢生长和产量，也影响下一年树的生长和产量。

图8-2　油橄榄孔雀斑病为害状

二、病原及发病条件

病原为*Spilocaea oleagina*（Cast.）Hugh.，类黑星菌属环黑星霉。菌丝体附着于叶、果和枝条的表皮，以吸器伸入表皮组织内吸取营养，生长孢子梗，产生分生孢子。分生孢子梗短，卵圆形，直立，单生或并生，其顶端产生分生孢子。分生孢子多为椭圆形，双胞或单胞，淡黄褐色，大小（22.4～28.8）μm×（9.6～12.8）μm或（12.8～22.4）μm×（9.6～10.0）μm，病菌以菌丝或分生孢子在寄主上越冬。在温度、湿度适宜时，由原寄主病斑的外缘出现一圈新鲜的黑霉环，产生分生孢子，成为侵染源。分生孢子靠风力、雨水及其他物品携带传播，从气孔或伤口侵入。平均温度20℃，相对湿度98%的条件下，14h就能完成侵入过程。在16～21℃的条件下，潜伏期12天左右。2～3℃或28～34℃，相对湿度低于70%，潜伏期可达数个月。因此认为，此病是中温高湿性病害。在栽植密度大、树冠郁闭、通风不良、排水不畅或土壤条件较差的果园内，发病较重。

年周期发病过程表明，全年有两个发病高峰期，前期（5～7月）较轻，后期（9～10月）最重。由此可知，此病是一种积累流行性病害。全年积累病菌量大，秋季扩散侵染十分迅速，危害严重。12 月中旬以后病害停止发展，进入越冬阶段。

三、防治方法

1. 园艺防治

控制病原，防止病菌随枝条、种苗等携带物传播。做好清园，对已发病的果园和发病的品种单株进行彻底修剪，清除病枝、叶、果等带菌体集中焚毁，清除侵染源。选择阳光充足、空气流通的地形，土层深厚、排水良好的土地建园。加强果园管理，排除土壤渍水，增强树势，提高树体抗病能力。整形修剪，改善园地和树冠通风透光、创造不利于病菌发生的条件。

2. 种植抗病品种

同一果园里不同品种油橄榄的发病轻重有很大差异。根据笔者观察，佛奥、鄂植8号、皮削利、莱星、配多灵、马斯特、切姆拉尔等品种发病很轻或不发病；阿斯发病中等；科拉蒂、城固32 发病最重。

3. 药剂防治

以1 ∶ 2 ∶ 200波尔多液或绿乳铜乳剂600～1000倍液进行预防。发病期选用高效低毒的40%多菌灵可湿性粉剂500～800倍液，30%苯溴硫磷乳剂400～800倍液，60%苯来特可湿性粉剂1000～1500倍液进行防治。每隔15～20天喷药1次，连续喷3～4次。各种农药轮换交替使用，可有效控制病害蔓延。

第二节　油橄榄炭疽病

一、为害症状

油橄榄炭疽病病原为*Gloeosponium olivarum* Alm。该病主要为害果实，亦为害叶、芽、嫩枝、苗木及大树。果实受害后，病斑初为黑褐色，近圆形，后变黑色凹陷，并逐渐扩大为近圆形或不规则形，于中央产生许多褐色至黑色小点，多呈同心轮纹状排列，为病菌的分生孢子盘，天气潮湿时涌出粉红色的分生孢子团。条件适宜时直径3mm的小病斑即可产生分生孢子盘和分生孢子，随后变成粉红色的小突起。1个病果上可多达十余个病斑，病斑扩大成片后，整个果实变暗褐色，最后腐烂，变黑，发臭，干瘪（图8-3）。嫩叶受害后失绿呈暗灰色，病斑由叶缘或叶尖向内扩展，边缘黄褐色，中间灰白色，表面密生轮纹并散生许多小黑点，老叶病部呈黄褐色斑；新梢上病斑多发生在基部，少数发生在中部，椭圆或梭形，略下陷，边缘后期黑褐色，中部带灰色，有黑色小点及纵向裂纹，严重时枝梢枯死。

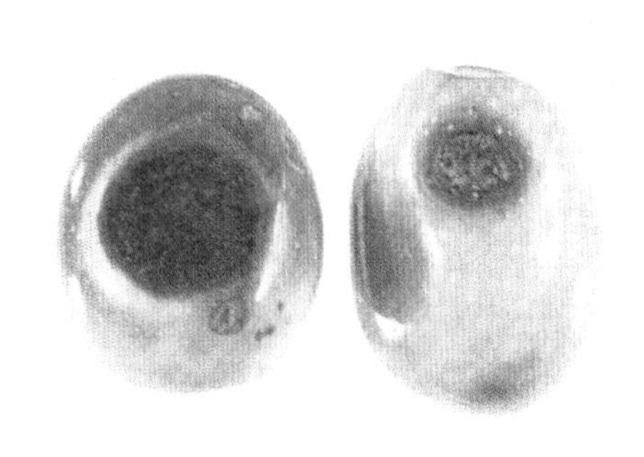

图8-3　油橄榄炭疽病为害状

油橄榄炭疽病以果实受害最为严重，果实感病后，大部分病果早落，少部分成为僵果挂在树上，使产量降低，也影响到所榨橄榄油的品质。叶片感病后病叶早落，油橄榄生长发育受到影响。该病具有潜伏期长、发病时间短、爆发性强的特点。

二、发生规律

病菌在病残体上越冬，成为翌年初侵染源。病菌借风、雨、昆虫进行传播，由伤口和自然孔口侵入，潜育期4～9天。每年7～10月为炭疽病发生季节，8～9月为发病盛期。

发病的早晚、轻重与雨量有密切关系。在雨季早、雨水多的年份，发病早而重；反之，发病晚而轻。株距小、通风透光不良的油橄榄林，往往发病严重。在油橄榄林附近如有核桃园、苹果园，会加重病害的发生。

不同品种的油橄榄感病性也不相同，鄂植8号、阿斯等果形大、果肉率高、果实密度低的品种易感病。

三、防治方法

1．园艺防治

（1）及时清除病果、病叶，集中烧毁及深埋。采果后，及时组织油橄榄种植户清除病果、病叶、地面杂草和落叶，然后集中烧毁或深埋。清除病果、病叶是整个油橄榄炭疽病防治过程中最易操作、投入最低、效果最好的措施，可起到事半功倍的效果。

（2）冬季结合修剪，剪除病虫枝和下垂枝，减少侵染源，同时提高通风透光能力。防治炭疽病应以预防为主，特别要注意改善园内的通风透光状况，一般幼树果园通风较好，发病较轻，随着果园郁闭程度的增大，炭疽病也会趋于严重。注意合理密植，扩大株行距，改善通风透光，10月下旬至12月，结合冬剪，剪除病枝，集中烧毁。

（3）树干涂白。11～12月，给油橄榄树干涂白或涂刷林木长效保护剂，防止冻害、日灼、病菌感染，并加速伤口愈合。

（4）科学施肥，增强油橄榄抗病能力。通过根施和叶面喷施K肥，补充K，增施有机肥，增强树势，提高树体抗病能力。5～6月份，叶面喷施磷酸二氢钾和硼肥。

2．药剂防治

采果后用3波美度（°Bé）的石硫合剂，每15天喷1次，共3次；2月早春新梢生长后，喷洒1%波尔多液或0.3波美度的石硫合剂，防止初次侵染。6月坐果后用波尔多液+代森锰锌（78%）喷雾，每隔15天喷1次，共喷2次进行预防；发现新梢顶端有枯死现象或果实有病斑发生，及时摘（剪）除，用50%多菌灵600倍液喷洒以控制病害蔓延；7月中旬开始，每半个月用50%吡唑嘧菌酯+10%苯醚甲环唑喷雾防治，共3次；8～10月秋雨季或采收前用石灰水喷洒树冠，用生石灰粉消杀冠下土壤。

第三节　油橄榄叶斑病

油橄榄叶斑病的病原*Cercospora cladosporioides*属假单胞杆菌，病菌菌体短杆状，可链生，大小为（0.7～0.9）μm×（1.4～2.0）μm，极生1～5根鞭毛，有荚膜，无芽孢。革兰染色阴性，好气性。病原菌在病残体上越冬，翌年发病期随风、雨传播侵染寄主。连作、过度密植、通风不良、湿度过大均有利于发病。

一、为害症状

主要为害叶片和果实（图8-4、图8-5）。叶片染病，病斑初为圆形或近圆形，扩展后融合成大型不规则斑块。叶柄、茎和花轴染病，病斑呈线形或椭圆形、深褐色至黑褐色，有时边缘具浅黄色水渍状晕圈。果实染病，在果实表面形成不规则病斑，外围呈现浅黄色晕圈，造成果肉褐变坏死。

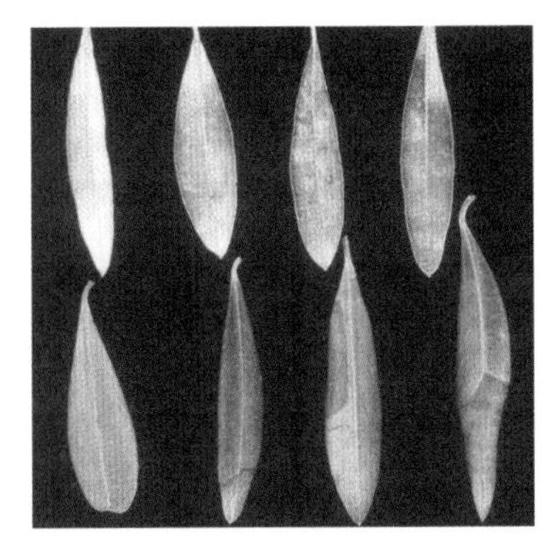

图8-4 油橄榄叶斑病叶为害状

图8-5 油橄榄叶斑病果实为害状

二、防治方法

1．园艺防治

（1）轮作倒茬。油橄榄叶斑病菌的寄主比较单一，只侵染油橄榄，将油橄榄与其他作物轮作，使病菌得不到适宜的寄主，可减少其危害，有效控制病害发生。要求轮作周期为2年以上。

（2）加强管理，增强植株抗病力。合理密植，科学施肥，采取有效措施使植株生长健壮，增强抗病力。

2．药剂防治

在发病初期，当田间病叶率为10%～15%时，应开始第1次喷药，药剂可选用50%多菌灵可湿性粉剂1000倍液、50%甲基托布津可湿性粉剂2000倍液、80%代森锰锌400倍液、75%百菌清可湿性粉剂600～800倍液等。每隔

10～15天喷药1次，连喷2～3次，每次每亩喷兑好的药液50～75kg。由于油橄榄叶面光滑，喷药时可适量加入黏着剂，多喷叶背，防治效果更佳。

第四节　油橄榄煤污病

油橄榄煤污病的病原是煤炱菌（*Capnodium eleaophilum* Pril.），其分生孢子器如长颈烧瓶状，分生孢子长椭圆形。有性期子囊座无孔口，内有多数子囊，各有8个子囊孢子。煤炱菌的生长发育需要糖分。蜡蚧及木虱等为害，常引起煤污病发生，它们分泌的蜜露成为病菌营养来源。有时当温度急剧变化时，树木也会产生含糖分的分泌物，导致煤污病发生。较高气温有利于病菌生长发育，较高的空气湿度及露水有利于病菌繁殖。因此阴坡或凹洼地植株较易发病。

一、为害症状

煤污病是一种常发病、多见病。在叶片、嫩芽或枝条表面形成一层煤烟状黑色霉层，影响光合作用，阻塞气孔，造成一定损失。霉层是病菌的菌丝和繁殖体。菌丝暗色，有隔，直径不等，互相交错形成薄膜覆盖寄主表面。镜检时，可见少数完整子实体（图8-6）。

图8-6　油橄榄煤污病

二、防治措施

1．园艺防治

适度修剪，剪除病枝病叶集中烧毁，加强通风透光。

2．药剂防治

夏季用0.5～1°Bé波尔多液，冬季用3～5°Bé波尔多液，或用松脂合剂12～20倍液喷洒。

第五节　油橄榄黑斑病

油橄榄黑斑病在南方多雨高湿区域都有发病。为害时会引起大量落果，受害严重病株枝条干枯。病原菌（*Macrophoma dalmatica*）在发病组织中越冬，多雨高湿助长发病。

一、为害症状

叶片染病，初生近圆形褪绿斑，后渐扩大，边缘为淡绿色至暗褐色，数天后病斑直径扩大为5～10mm，且有明显的同心轮纹。有的病斑有黄色晕圈，在高温高湿条件下病部穿孔。发病严重时，病斑连合成大的斑块，致半叶或整叶干枯，全株叶片由外向内干枯。茎或叶柄上病斑为长梭形，呈暗褐色条状凹陷（图8-7）。

图8-7　油橄榄黑斑病

二、防治方法

1. 园艺防治

（1）选择适合当地的抗黑斑病品种。

（2）与其他作物轮作。

（3）施足基肥，增施磷、钾肥，有条件的采用配方施肥，提高植株抗病能力。

（4）冬、春剪除病枝效果最好。

2. 药剂防治

发现病株及时喷洒75%百菌清可湿性粉剂500～600倍液，或50%扑海因可湿性粉剂1500倍液进行防治。黑斑病与霜霉病混发时，可选用70%乙膦·锰锌可湿性粉剂500倍液，或58%甲霜灵·锰锌可湿性粉剂500倍液进行防治，每亩喷施兑好的药液60～70kg，每隔7天喷1次，连喷3～4次。

第六节　油橄榄褐斑病

油橄榄褐斑病的病原*Alternaria eleaophila*属真菌半知菌亚门，丝孢目，尾孢属，番薯尾孢。其分生孢子梗多根束生，暗褐色。分生孢子针形，无色，基部平切。发病时引起落叶、落果。病菌以菌丝形态在发病组织越冬，春季发生新侵染，高湿有利病菌扩散。

一、为害症状

1．大褐斑病

初期在叶片表面产生许多近圆形、多角形或不规则形的褐色小斑点，以后斑点逐渐扩大，常融合成不规则形的大斑，直径可达2cm以上。病斑中部呈黑褐色，边缘褐色，发病组织与健康组织分界线明显。病害发展到一定程度时，病叶干枯，早期脱落，严重影响树势和翌年的产量。

2．小褐斑病

病斑较小，直径2～3mm，大小较一致，呈深褐色，中部颜色稍浅，后期病斑背面长出一层明显的褐色霉状物。

二、防治方法

1．园艺防治

（1）秋后结合清园彻底清除果园落叶、残枝，集中烧毁，减少越冬菌源。

（2）加强栽培管理，改善通风透光条件，增施肥料，合理灌水，增强树势，提高树体抗病能力。

2．药剂防治

（1）发病初期，结合防治其他油橄榄病害，喷洒200倍波尔多液或60%代森锌500～600倍液或600倍科博、喷克等药液，每隔10～15天喷1次，连续喷2～3次。由于褐斑病一般从植株的下部叶片开始发生，逐渐向上蔓延，因此第一、二次喷药时要对植株下部叶片着重喷药。

（2）当发现有褐斑病发生时，可喷洒3000～4000倍烯唑醇、600倍多菌灵或1000倍甲基托布津等治疗剂进行及时治疗。

第七节　油橄榄黄萎病

油橄榄黄萎病由土传性的真菌大丽轮枝菌（*Verticillium dahliae* Wilt）引起，是世界范围内油橄榄种植区最危险的病害之一，一旦感染危害极大且很难防治，我国应警惕该病传播。该病害最早由Ruggieri在意大利发现，而后在美国加利福尼亚、希腊、土耳其、法国、西班牙、叙利亚和摩洛哥等地也有报道。黄萎病大大降低了油橄榄产量，严重时可造成树体死亡。Thanassoulopoulos等通过对希腊1400万株油橄榄黄萎病调查发现，2%～3%染病，其中1%死亡，产量损失达1700吨。西班牙南部安达卢西亚地区1980、1981、1983年调查发现，122个油橄榄园中有47个（占38.5%）约35万株染病，发病率为10%～90%，而在该地区新建油橄榄园调查发现，37%染病。叙利亚9个省约650万株油橄榄发病率为0.85%～4.50%，每年产量损失1.0%～2.3%。

一、为害症状

希腊调查发现，5～6年生幼树对黄萎病最敏感，而西班牙、叙利亚和摩洛哥调查表明，在树龄接近10年的油橄榄园中发病率最高。该病原有几个特点使得黄萎病很难防治，例如病原能以其休眠体微菌核的形式在土壤中长期存活，并保持对寄主的侵染力；具有广泛的宿主等。油橄榄黄萎病分为急性和慢性2种类型，急性黄萎病主要发生在冬末至早春，初期叶片失绿，迅速萎蔫而不脱落，变为浅棕色，自叶缘向中脉方向卷曲，最终整株树死亡（图8-8、图

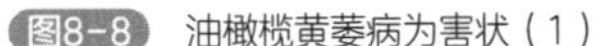

图8-8　油橄榄黄萎病为害状（1）

图8-9　油橄榄黄萎病为害状（2）

8-9)，树皮变为紫色，内部维管组织变为黑褐色，幼树枯死前先局部落叶。慢性黄萎病出现在春季接近开花时间，花序枯萎，枯花挂在树枝上，叶片变为暗绿色，病枝上花序连同叶片在叶萎蔫前落下，仅梢头挂着部分叶片，且通常情况下，花比叶片病症先出现，但都在新枝枯死之后，染病新枝树皮变成红褐色，内部维管组织变为深褐色。慢性黄萎病发生在春末，急性黄萎病发生之后，缓慢发展到初夏。

二、防治方法

1. 检疫防控

油橄榄黄萎病一旦感染危害极大且很难防治，我国在引种、品种交流过程中应引起高度警惕，加强引种过程中的产地检疫、过境检疫，严格执行引入地的隔离观察，如果发现染病，立即销毁，并做好彻底消毒，杜绝该病传播。

2. 园艺防控

（1）选择没有被病菌侵染的地块栽培无侵染的洗根消毒苗。

（2）被病菌侵染的地块，采用日晒土壤、换土等方法改造。

（3）使用抗病品种和砧木。

（4）避免与被侵染植物间作或混作，避免土壤翻耕、灌溉，最大程度地减少土传途径。

（5）减少修剪等措施传播病原。

第八节　大粒横沟象

大粒横沟象（*Dyscerus cribripennis*）属鞘翅目、象甲科，亚热带及温带都有分布，杂食性昆虫，主要为害各种果树和林木。全国油橄榄种植区均有发生，常集中为害成灾，造成盛果期树叶片发黄、果实萎蔫或整株大量死亡。

一、为害症状

主要以幼虫为害树干至根颈部的内皮层，取食韧皮及木质部。开始幼虫在树干基部根颈及枝干处皮层内蛀食，逐渐将树干周围皮层蛀空，横向切断输导组织，树皮开裂隆起，里面充满木屑和虫粪（图8-10）。虫孔洞外积有黄褐色排泄物，是捕杀幼虫时的识别标志。被害植株轻者生长衰弱，叶片变黄脱落，失去生长和结果能力；重者整株枯死。成虫为害嫩枝、叶片及果实，可将叶片咬成钝齿形深裂，使叶片失去功能。被害果肉感病腐烂。

图8-10 大粒横沟象为害状

二、虫态及发生规律

（1）卵：椭圆形，淡黄或黄白色，长1.3～2.4mm，宽1～1.4mm。

（2）幼虫：初孵幼虫乳白色，头部棕褐色；老熟幼虫体长14～19mm，宽5～7mm，体弯曲，无足，各节背面有横线皱纹，腹部尾节有微细短毛（图8-11）。

（3）蛹：长椭圆形，初为乳白色，中期黄褐色，羽化时为黑色，体长16～17mm，体背着生有浅褐色细毛，腹末有黄褐色臀棘1对。

（4）成虫：体褐黑色，被覆有黄白色毛状鳞片。体长13～16mm，宽6～7mm。头管粗而长，密布刻点，着生于前胸。雌虫头管长4～5mm，触角膝状11节，着生于头管前端1/4处。雄虫头管长约4mm，触角着生于头管前端1/6处。复眼1对，黑色，宽大于长，着生于头的两侧。前胸背板宽大于长，密布大小不一的刻点，中间有1条黑色纵背线。鞘翅上各有10条纵刻点列。足腿节中前部略膨大，中、后足基节窝后缘各有1条弧形横沟，端部有爪1对（图8-12）。

在甘肃陇南1年发生2代，有世代重叠现象，多以成虫在土中或幼虫在树干基部树皮下越冬。1月中、下旬成虫出土活动取食，2月中、下旬交尾产卵，3月中旬至4月中旬为产卵盛期。卵多产在根颈、主干和主枝的皮层内，每次产卵1～4粒，产卵后分泌红黄色的胶黏物封闭产卵孔。卵期5～7天。初孵幼虫在树皮内层取食为害。5月中旬至6月上旬幼虫老熟，并在木质部造蛹室化蛹，蛹期16天左右。6月中旬至7月上旬为第一代成虫羽化盛期。成虫取食营养期30天左右，7月上旬至8月上旬交尾产卵。7月中旬至10月上旬为幼虫取食为害期。10月中下旬幼虫老熟化蛹。10月下旬至11月上旬成虫羽化产生第二代成虫，潜入根际周围和树冠下土层内越冬。

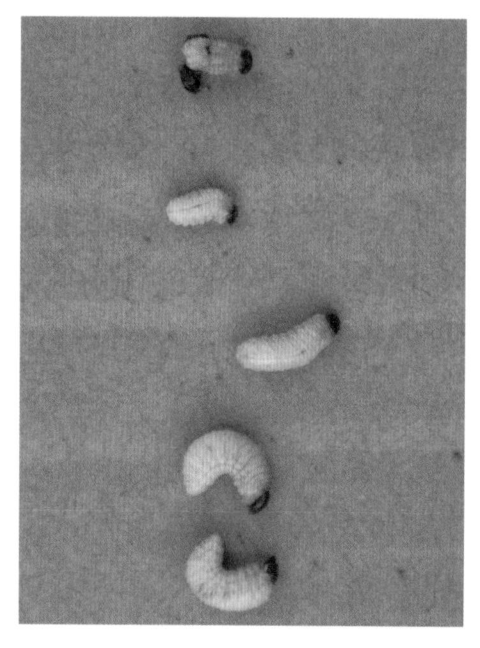

图8-11 大粒横沟象幼虫

图8-12 大粒横沟象成虫

三、防治方法

1. 捕捉成虫

利用成虫的假死性，在树下铺网，清晨振动树枝，成虫受惊落入网内，集中处理。雨后或阴湿天气，成虫出现最多，利用成虫有倒吊枝杈处栖息的习性，进行捕捉。成虫越冬期，结合果园施肥，在树干周围刨土捕捉越冬成虫。在成虫出土产卵前，用涂白剂或半量式林木长效保护剂涂刷树干和根颈部，对防止产卵有效。

2. 捕杀幼虫

在幼虫为害盛期4月中旬至6月上旬、7月中旬至10月上旬，刨开根颈部土壤，在虫孔口积有新鲜黄褐色排泄物处，掀开被害树皮捕杀幼虫。

3. 药泥涂杀

挖开根颈部土壤，刮除幼虫为害部位树皮，用铁丝勾除虫粪、木屑，将40%敌敌畏乳油60mL倒入10kg黄土中，加水调成糊状，戴上乳胶手套涂抹于为害部位，然后用塑料薄膜将其包缠进行封闭，而后回填土壤（图8-13）。

4. 药剂杀虫

图8-13 大粒横沟象防治

成虫越冬初期或即将出土期，用40％毒死蜱（乐斯本）乳油600～1000倍液喷洒地面，毒杀成虫有效。幼虫孵化及为害初期，用40％氧化乐果乳油、40％敌敌畏乳油和柴油配成混合液（比例为0.5 ∶ 0.5 ∶ 20）喷涂为害部位，然后用农膜封闭，毒杀幼虫。幼虫为害盛期，用苯氧威、40%乐果、80%敌敌畏、40％毒死蜱乳油10～15倍液注射于树干皮层内，毒杀幼虫。

第九节　云斑天牛

云斑天牛（*Batocera horsfieldi*）又称云斑白条天牛，为害多种果树和树木。全国油橄榄主产区均有发生，已成为油橄榄的重要蛀干害虫。受害植株树势衰弱，新梢生长停滞，很快丧失结实能力，若不加以有效防治，则为害部位以上的树冠完全枯死。

一、为害症状

主要以幼虫蛀食树干和主枝的皮层及木质部。4年生以下的幼树受害较轻，8年生以上结果树受害最重。初龄幼虫在孵化槽周围取食韧皮部，15天左右环树干一周蛀食边材和韧皮部。随着幼虫长大逐渐蛀食心材进入树干内部。第二年幼虫继续蛀食为害，直到幼虫老熟。幼虫蛀食为害期，不断从蛀道排出大量棕褐色的粪屑，堆积在蛀孔口或掉落到地面上。蛀孔口周围树皮凸起、破裂、向上翘起，树干基部长出大量的萌条。树干腐朽，叶片脱落，树冠枯死。

二、虫态及发生规律

雌虫体长45～55mm，宽13mm左右，触角比体略长。雄虫触角超出体长数节。成虫体色黑褐，密被灰褐色绒毛，鞘翅上具有数个大小不一、形状不规则的白色云斑，有时扩大成云片状。体腹面两侧从复眼后到尾部具白色纵带1条（图8-14）。卵：长椭圆形，略弯曲，长径8.4～10.1mm，短径

2.4 ～ 3.0mm，乳白色至淡黄色，不透明。幼虫：体长70 ～ 90mm，稍扁，乳白色，前胸背板褐色，略成方形，左右两侧均有淡色斑纹；头稍扁平，唇基黄褐色（图8-15）。蛹：长40 ～ 70mm，乳白色至黄褐色。

图8-14 云斑天牛成虫

图8-15 云斑天牛幼虫

2 ～ 3年1代，以成虫或蛹在蛀道内越冬。通常，越冬成虫于5 ～ 6月份出现，多在闷热的晚上咬羽化孔钻出树干。早晨和上午静伏在树冠上，午后进行交尾，补充营养10天左右产卵。卵多产在树皮的光滑面或凹槽内；倾斜树干和主枝，卵产在腹面。尤以距地面2m高处以下的树干着卵最多，直径5cm以上粗枝或幼树均有着卵。成虫产卵时先在枝干上咬1个椭圆形的产卵刻槽，产1粒卵后，再把刻槽周围的树皮咬成细木屑堵住产卵口。每只雌虫产卵18 ～ 30粒，产后的成虫寿命1个月左右。6月上、中旬为产卵盛期，卵期15天左右。在适宜的温度范围内，温度愈高，卵期愈短。6月中旬至7月上旬为孵化盛期。初孵幼虫在韧皮部取食，粪屑从蛀孔排出堆在蛀孔口。此时，蛀孔口周边树皮隆起、纵裂，是识别天牛为害的重要特征之一。幼虫蛀入木质部后，在粗大的枝干里向斜上方蛀食。在细枝内，横向蛀至髓心再向下方蛀食。隔一段距离向外蛀1通气排粪孔，待粪屑积累到一定的数量将其推出孔外，堆积在排粪孔口下的地面上，极易被发现，也是识别天牛幼虫多少及其为害程度的重要标志。10月中下旬以后进入休眠期，伏卧在蛀室内休眠越冬。翌年春季继续为害，直到8 ～ 9月份幼虫陆续老熟，并在蛀道两端堵以木屑做1蛹室化蛹。蛹期20 ～ 30天。化蛹早的以羽化后成虫在蛹室内越冬；化蛹迟的以蛹越冬。第三年5 ～ 6月份钻出树干。3年1代者，第四年5 ～ 6月份钻出树干。

三、防治方法

果园附近不要种植杨树、白蜡树、桑树、核桃、苹果等天牛喜食树种，以减少虫源。成虫产卵前，在树干上刷一层涂白剂（生石灰10份、硫黄粉1份、食盐0.2份、水10份配制）或林木长效保护剂，对防止成虫产卵有效。成虫发生期，及时组织人工捕杀或安装黑光灯诱杀成虫，将其消灭在产卵之前。成虫产卵期，要有专人经常检查，发现产卵刻槽或粪屑时，从刻槽的上方0.5～1.5cm处，用嫁接刀或修枝剪将树皮挑开，挖出虫卵和初龄幼虫，或在同样的位置横切3刀，宽1.0～1.5cm，深达木质部，消灭虫卵和幼虫。幼虫为害期，对于初孵幼虫，先清除虫孔木屑，可用敌敌畏或杀螟松等10～20倍液，涂抹产卵刻槽，毒杀幼虫。对已蛀入木质部的幼虫，可用50%辛硫磷乳油10～20倍液，从新鲜排粪孔注入药液，然后用黏土湿泥封孔；或清除虫孔粪屑，用棉球蘸50%或80%敌敌畏乳油5～10倍液塞入蛀道孔，用黏土湿泥封堵，毒杀幼虫。

为害油橄榄的天牛害虫有多种，如星天牛、褐天牛、绿天牛等。只要掌握好天牛的发生规律，在各生长发育阶段采用对应的防治措施及方法，一般都能达到较好的防治效果。

第十节　蚱　蝉

蚱蝉（*Cryptotympana atrata* Fabricius）以成虫和若虫刺吸寄主植物枝梢、茎叶的汁液为害，在油橄榄树上主要是成虫产卵为害。成虫在夏末秋初产卵时会用锯状产卵器刺破油橄榄枝条表皮呈月牙状翘起，将卵粒产在其中，在干热河谷区成虫种群密度大，会使枝条呈鱼鳞状刻伤，导致枝条刻伤段至顶梢处干枯。

一、发生规律及习性

蚱蝉一般3～4年繁殖1代，以卵和若虫在树枝木质部和土壤中越冬。老熟若虫于6～7月间出土羽化。其出土的时间常在晚上8时至早晨6时左右，以夜间9～10时为出土高峰时段。若虫在出土之后即爬到附近的树上羽化，完成羽化需2h左右。成虫出壳时，翅脉为绿色，身体为淡红色。以后，翅膀逐渐舒展开来，翅脉和体色都逐渐变深，在黎明之前逐渐向树上爬去。成虫

图8-16 蚱蝉成虫

羽化后，先要刺吸植物的汁液补充营养，然后开始鸣叫，鸣叫的目的是吸引雌蝉。雄蝉一般在气温20℃以上开始鸣叫，当气温达到26℃以上时，许多雄蝉就一起鸣叫起来，称为群鸣。当气温达30℃以上时，这些雄蝉不仅鸣叫时间长，而且次数也更多，声音也叫得更响。鸣蝉有一定的群居性和群迁性，上午8～11时，会成群由大树向小树迁移，到了晚上6～8时，它们又成群地由小树向大树迁移。成虫的飞翔能力较强，但一般只作短距离迁飞。若摇动树干，它在夜间有一定的趋光性和趋火性，如没有外力去摇动树干，则其趋光性和趋火性并不明显。成虫的寿命为45～60天（图8-16）。此虫在不同时期，雌雄的比例很不平衡，在羽化初期，雄虫比雌虫多6～7倍，但到羽化盛期，雌雄比例趋于相等，而到了羽化末期，则变为雌多雄少，而且雌虫要比雄虫多6～7倍。雌雄交尾以后，雌蝉把卵产在油橄榄枝条中，造成枝条枯死。卵在枯枝中越冬，到翌年6～7月间孵化落入土中，在地下生活3～4年，每年6～9月间蜕皮1次。若虫在地下的深度一般为2～30cm或更深。幼龄若虫多附着在侧根或须根上，而大龄若虫则多附着在较粗的根上。

二、防治方法

1. 园艺防治

加强田间管理，采果或修剪时彻底清除树上与树下残枝、残叶、落叶和杂草，集中烧毁。早春除去老树皮、消灭越冬成虫。

2. 诱捕防治

蚱蝉成虫具有趋光性，可利用这一特点用黑光灯诱杀，油橄榄结果期，可在距地面1.5m处悬挂捕虫笼诱捕成虫。

3．药剂防治

油橄榄发芽前喷施5° Bé石硫合剂500倍液，杀灭越冬代成虫和越冬卵，花后用1%甲氨基阿维菌素苯甲酸盐乳油500倍液、0.5%藜芦碱8000倍液、4.5%高效氯氰菊酯乳油8000倍液或1.8%阿维菌素1000倍液喷雾防治，毒杀成虫和若虫，效果很好。

第十一节　油橄榄蜡蚧

油橄榄蜡蚧（*Saissetia oleae*）每年发生1～2代，世代不整齐。幼虫孵化后，在母体介壳下停留1～2天，然后爬出寻找固定处吸取营养（图8-17）。能借风力或鸟足及其他昆虫传播。多聚集在叶背主脉附近或避光的枝条上。高温高湿条件下有利繁殖，潮湿而通气不良处容易发生，但高温干旱能引起成虫死亡，0℃以下卵和幼虫难以成活，大雨、暴风也能引起一龄幼虫死亡。

图8-17　油橄榄蜡蚧

一、为害症状

害虫依附于叶背和果实表面吸取液汁，使叶色变黄，枝梢枯萎，落叶、落果，树势衰弱甚至全株枯死，同时诱发煤污病。高温高湿条件下易发生此病。以4～8月份为害最重。

蜡蚧为害多种树木，常见于油橄榄。雌虫背上有两横一竖的隆脊。在生长不良的树上，蜡蚧为害较重。受害植株局部落叶，枝条枯萎，结实不良，并易伴生煤污病，影响光合作用。

二、防治方法

1．人工防治

因其介壳较为松弛，可用硬毛刷或细钢丝刷刷除寄主枝干上的虫体。结合整形修剪，剪除被害严重的枝条。

2. 化学防治

根据调查测报，在初孵若虫分散爬行期实施药剂防治。推荐使用含油量0.2%的黏土柴油乳剂混80%敌敌畏乳剂、50%涕灭威乳剂、50%杀螟松可湿性粉剂、蚧杀或50%马拉硫磷乳剂1000倍液涂抹枝干（黏土柴油乳剂配制：轻柴油1份，干黏土细粉末2份，水2份。按比例将柴油倒入黏土粉中，完全浸润后搅成糊状，将水慢慢加入，并用力搅拌，至表层无浮油即制成含油量为20%的黏土柴油乳剂原液）。此外，还可喷施40%速扑杀乳剂700倍液。

3. 保护利用天敌

田间寄生蜂对蜡蚧的自然寄生率比较高，有时可达70%～80%；此外，瓢虫、方头甲、草蛉等对蜡蚧的捕食量也很大，均应注意保护。

第十二节 桃蛀螟

桃蛀螟（*Dichocrocis punctiferalis*）以幼虫蛀食果实并可转果为害，导致果实变黄脱落或在果肉中形成虫道，在果实密集处黏附虫粪污染果实，对果实和油品质量影响极大。

一、发生规律

桃蛀螟在陇南地区一年发生2代，以老熟幼虫在树干翘皮缝中、土石块下、落叶上，玉米、高粱、葵花秆中等处越冬，次年4月开始化蛹，5月上中旬开始羽化。成虫白天隐伏，夜晚活动，有趋光性，产卵于着生密集处的油橄榄果上或果与果连接处。幼虫孵化后，由果梗、果蒂部蛀入至果心为害，蛀食果肉呈线虫状褐变（图8-18），由果外蛀孔流出胶质，并排出褐色颗粒状粪便与流胶黏结，附贴于果面，果内堆满虫粪。老熟幼虫在结果枝及两果相连处结白色茧化蛹，也有在果内化蛹的。第2代成虫于6月下旬开始发生。

二、防治方法

1. 园艺防治

（1）消除越冬场所。冬季清除玉米、向日葵、高粱等的残秸，刮除树干老翘皮，消灭越冬蛹。

（2）刨盘。晚秋至次年春季，在树冠投影外1m范围内翻耕土壤3cm深，

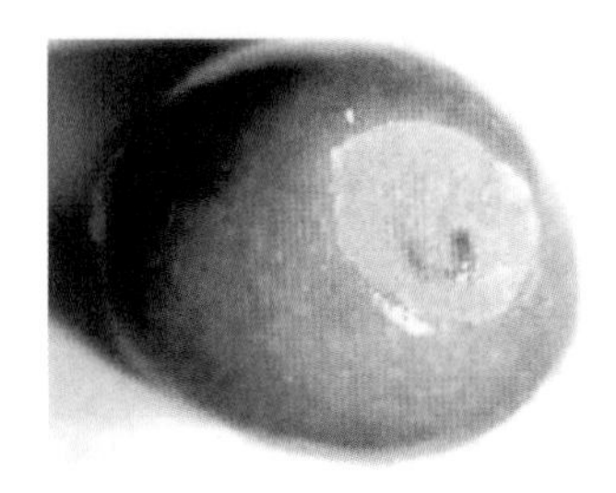
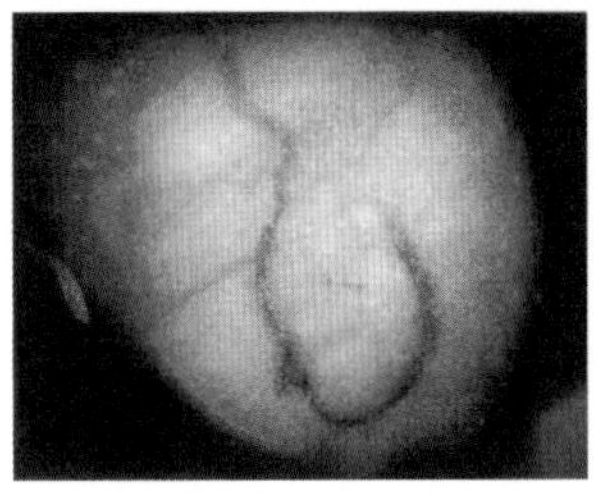

图8-18 桃蛀螟为害状

破坏幼虫越冬场所，使其羽化后不能出土。

（3）诱杀成虫。在油橄榄园内布设黑光灯或糖醋液诱杀成虫。

（4）摘拾虫果。摘除虫果，捡拾落果，集中销毁，消灭果内幼虫。

2．药剂防治

选用10％联苯菊酯乳油3000～4000倍液，或20%甲氰菊酯乳油2000～3000倍液，或2.5%高效氯氟氰菊酯乳油2500～3000倍液，或5%氟虫腈悬浮剂2000倍液，或40%毒死蜱乳油1000倍液，或25%天达灭幼脲3号胶悬剂800～1000倍喷雾防治。在桃蛀螟发生重灾区，用1.8%阿维菌素乳油3000倍液或4.5%高效氯氰菊酯乳油1000倍液等喷雾防治，避免高温用药。

3．生物防治

喷洒苏云金杆菌75～150倍液或青虫菌液100～200倍液。

第十三节　油橄榄缺素症

油橄榄缺素症属生理性病害，常见的表现有树叶黄化、卷缩，丛枝、枯梢、枝枯（一般在小枝条上发生）。油橄榄是嗜硼嗜钙树种，引种到我国后由于土壤与原产地差异大，缺素症在全国种植区时有发生，其发病原因主要是土壤中缺乏中微量元素及其组分不平衡所致。南方酸性红壤黏重板结，排水不良，通气性差，加上管理粗放，常发生缺素病。当油橄榄树体内所含营养元素失调，缺乏某一种或几种微量元素时，油橄榄发生缺素症，轻则阻碍生长，严重时会造成顶梢、枝、叶畸形或树体死亡。

最常见的油橄榄缺素症有缺氮、缺磷、缺钾、缺硼、缺铁、缺镁、缺锌、缺钙、缺硫、缺钼等症。

一、缺素症状

1. 缺氮

叶片变成淡绿色或黄白色甚至脱落，顶梢新叶逐渐变小同时易落叶，树体长势弱，枝条细弱，枝叶细小；花芽分化不良，受精不良，落花，落果（图8-19）。

2. 缺磷

叶片主脉基部及周围呈斑块状深绿，叶尖及叶缘周边呈斑块状淡绿，生长缓慢，植株矮小，开花少，推迟结果（图8-20）。

图8-19 缺氮

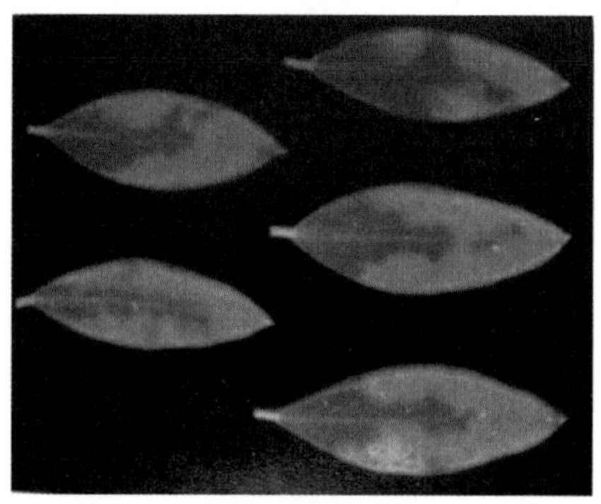

图8-20 缺磷

3. 缺钾

最老的叶片叶尖、叶缘枯焦，老叶发黄，呈火烧色坏死，致使油橄榄树停止生长，枝条纤细柔软，开花少、果实小（图8-21）。

4. 缺硼

叶片畸形，发黄发干，叶尖枯，叶片中上部失绿黄化，随后整片叶失绿，叶缘向上卷曲，并逐渐形成条纹，病变部位增厚皱缩，组织坏死，出现淀粉粒。叶片逐渐掉落；枝条中间节间缩短，会长出像卷心菜一样的芽；在韧皮部出现黑色斑点，内部组织坏死，出现坏死斑，树皮日趋粗糙；根系不发达，顶端和细根生长点死亡；开花少，易落花、落果，果实小，坐果率低（图8-22）。

5. 缺镁

先在老叶的叶脉间叶肉发生黄化，逐渐蔓延至上部新叶，叶肉呈黄色而叶脉仍为绿色，并在叶脉间出现绿斑，老叶发黄（图8-23）。

6．缺铁

缺铁的症状与缺镁相似，所不同的是缺铁先从新叶的叶脉间叶肉出现黄化，叶脉仍为绿色，继而发展成整片嫩叶转黄或发白，老叶皱缩卷曲（图8-24）。

图8-21 缺钾

图8-22 缺硼

图8-23 缺镁

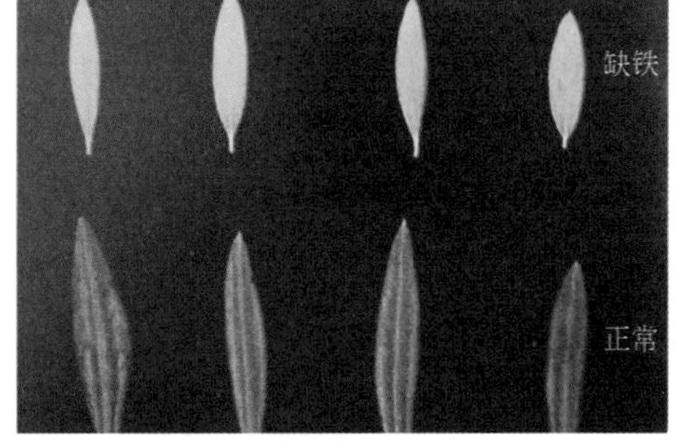

图8-24 缺铁

7．缺锌

节间明显萎缩僵化，叶片变黄或变小，叶尖褪色、发干、坏死，叶片卷曲，出现畸形（图8-25）。

8．缺钙

顶芽受损伤，并引起根尖坏死，叶失绿，叶缘向上卷曲枯焦，叶尖常呈钩状，影响发芽，还会影响到果实

图8-25 缺锌

产量、含油率和橄榄油的品质。

9．缺硫

叶色变成淡绿色，甚至变成白色，由老叶逐渐扩展到新叶，叶片细长，植株矮小，开花推迟，根部明显伸长。

10．缺钼

老叶叶色变淡、黄化，幼叶黄绿色，叶片失绿萎缩，易致坏死，全株色泽变黄，落叶。

营养元素在油橄榄树体内吸收代谢的交互作用强烈，形成一个整体系统，缺某种元素时往往会影响另一种元素的吸收。因此，油橄榄缺素症的病状往往是多种元素缺乏的综合表现，给具体诊断带来困难，必须依靠油橄榄营养诊断和树体营养分析检测来精准判断。

二、防治方法

（1）加强肥水管理，增施有机肥和油橄榄专用肥。

（2）改良土壤，合理耕作，促进根系发育。

（3）每年进行3～4次高纯硼水溶液的叶面喷施，浓度0.1%～0.3%。

（4）每年喷施1～2次镁、铁、锌多元微肥，浓度0.1%～0.2%。

（5）结合冬季施肥，每株树施钾肥、钙肥、复合肥或橄榄专用肥1～2kg。

第九章 油橄榄生产技术规范及相关资料

油橄榄是我国引种成功的优良木本油料树种，橄榄油营养保健价值很高，享有“植物油皇后”的美誉。近些年，在国家发展食用油及木本油料的政策的支持下以及随着人们对油橄榄认知的加深，我国油橄榄产业发展开始了又一个快速发展期，其种植面积已从期初的1万亩扩大到150多万亩以上。在适生区的一部分贫困人口依靠种植油橄榄，也走上了富裕之路，这为贫困户增收脱贫提供了借鉴之路。发展油橄榄已成为实施产业项目扶贫攻坚中，实现到户精准扶贫的有效措施，是振兴山区经济、加快山区群众致富的有效途径之一。油橄榄作为引进树种，在我国的发展历史较短，适生区对油橄榄树种生物生态学及栽培技术的掌握并不全面。因此生产上缺乏适用的栽培管理技术，生产技术不规范，经营水平高低不一，为了规范油橄榄园的经营管理，实行科学生产，提高单位面积产量和质量，提高种植效益，带动农民增收致富，特制定LY/T 1532—2021《油橄榄》标准，其是油橄榄树种从种质资源收集、评价—良种繁育—丰产栽培再到果实采收整个生产过程的技术规范体系。本标准由六部分组成：

第一部分　种质资源收集与评价。目的在于规范油橄榄种质资源特性记载、种质资源评价等的技术要求。

第二部分　采穗圃营建技术规程。目的在于规范油橄榄采穗圃从圃地选择、品种选择、营建技术及采穗圃管理和技术档案等建设全过程的技术要求。

第三部分　苗木繁育技术规程。目的在于规范油橄榄扦插育苗、嫁接育苗、苗木出圃和苗木质量等技术要求。

第四部分　丰产栽培技术规程。目的在于规范油橄榄适生区域的确定，油橄榄园建园、土肥水管理、整形修剪、病虫害防治和园地清理等油橄榄良种丰产栽培技术内容和要求。

第五部分　低产园改造技术规程。目的在于规范油橄榄低产成因调查、低产园改造方式和改造措施，以及低产园改造目标和技术档案建立等技术内容和要求。

第六部分　采收与采后处理技术规程。目的在于规范油橄榄的鲜果采摘、采后处理和鲜果质量等技术内容和要求。

下面将与油橄榄栽培紧密相关的技术规程和周年作业历以及常用杀虫、杀菌剂配制使用方法做以简要介绍。

一、油橄榄苗木繁育技术规程

（LY/T 1532—2021《油橄榄》节选）

前　言

本文件按照GB 1.1—2020《标准化工作导则　第1部分：标准化文件的结构和起草规则》的规定起草。

本文件是LY/T 1532—2021《油橄榄》的第三部分。

本文件代替LY/T 2298—2014《油橄榄扦插育苗技术规程》和LY/T 1937—2011《油橄榄苗木质量等级》。与LY/T 2298—2014和LY/T 1937—2011相比，除结构调整和编辑性改动外，主要技术变化如下：

——修订了扦插育苗技术（见4）；

——增加了嫁接育苗的技术要求和方法（见5）；

——修订了苗木质量等级及要求（见6.2）。

请注意本文件的某些内容可能涉及专利。本文件的发布机构不承担识别专利的责任。

本文件由全国经济林产品标准化技术委员会（TC557）提出并归口。

本文件起草单位：甘肃省林业科学研究院、云南省林业和草原科学院、陇南市武都区油橄榄研究开发中心。

本文件主要起草人：姜成英、吴文俊、赵海云、赵梦炯、殷德怀、李智、钟锐、陈海云、宁德鲁、闫仲平、祁海红、陈炜青、吴平、马婷、李勇杰、张艳丽、李娜、王鹏、刘雅宏、刘在国、吕斌燕。

本文件及其所代替文件的历次发布情况为：

——2014年首次发布为LY/T 2298—2014；

——本次为第一次修订，并入了LY/T 1937—2011《油橄榄苗木质量等级》

（LY/T 1937—2011的历次版本发布情况为：2011年首次发布，本次为第一次修订）。

1 范围

本文件规定了扦插育苗、嫁接育苗、苗木出圃和苗木质量技术要求和规范。

本文件适用于油橄榄苗木的繁育。

2 规范性引用文件

下列文件中的内容通过文中的规范性引用而构成本文件必不可少的条款。其中，注日期的引用文件，仅该日期对应的版本适用于本文件；不注日期的引用文件，其最新版本（包括所有的修改单）适用于本文件。

GB 6000 主要造林树种苗木质量分级

3 术语和定义

本文件没有需要界定的术语和定义。

4 扦插育苗

4.1 圃地选择与准备

宜选在背风向阳、排水良好、管理方便的地方。在圃地上搭建塑料大棚或温室。

4.2 苗床准备

4.2.1 普通苗床

在设施内挖深60cm，四周用砖或土砌成，床墙高20～60cm。苗床宽80～120cm，苗床长度根据需要和地形来定，一般控制在20m左右。床内下层填15～20cm的粗石砾，向上依次填入20cm厚的稻草，20～25cm厚的细河沙。在温室中也可使用地上钢架苗床，苗床设置为槽式床，槽高18～20 cm。

4.2.2 增温苗床

冬季平均气温≤4℃的地方宜采用增温苗床。

在设施内挖低床（高度20～25cm）或在温室槽式床上进行。在床内铺5～8cm厚的砾石，上面铺厚1cm带有渗水孔的隔热板，再均匀地铺设地热线或水暖管，上覆10～15cm厚的育苗基质或摆放育苗盘。

4.3 扦插基质准备和处理

4.3.1 扦插基质

基质可用河沙、蛭石、珍珠岩、泥炭土等，可单一使用，也可混合使用。

成分为河沙的，粒径以0.5～2.0mm为宜。

4.3.2 基质处理

扦插前2～3d把基质湿润铺平，用500～600倍多菌灵或甲基托布津溶液，也可用0.3%～0.5%的高锰酸钾溶液消毒，并用薄膜覆盖。扦插时用清水将药液冲淋干净。

4.4 插穗准备

4.4.1 穗条采集

采穗母树应在5年生以上。采集树冠中、上部外围一年生充分木质化的枝条，同一枝条选中、上部的枝段。穗条分品种捆扎，系上标签，标明品种名称、采集地点和采集时间等。采集宜在早上、傍晚或阴天进行，应随采随插。大批量采集的穗条临时存放或运输时，要注意控制温度（5～10℃）和湿度（70%以上）。

4.4.2 插穗剪切

将穗条剪切成8～12cm的枝段，每段留2～4个芽，上部留1～2对叶片。插穗上下切口都以平切口为宜，上切口距最近的芽0.5 cm，下切口距基部的芽0.4～0.5 cm。剪好后按50～100根扎成捆，立即放在清水中浸泡。

4.4.3 插穗处理

用1000～2000mg/kg的吲哚丁酸（IBA）溶液加入适量滑石粉搅拌成糊状，速蘸插条基部2～3cm后直接扦插，难生根品种吲哚丁酸（IBA）溶液浓度可提高到2500～3000mg/kg。

4.5 扦插时间和方法

没有温湿度自控设施的宜在10月下旬至11月下旬进行。有自控设施的可周年生产。扦插前将苗床疏松平整，采用直插法，深度为插穗长的2/3。行距5cm，株距2～3cm，以株间插穗叶片相接，但不相互重叠为度。

4.6 插后管理

4.6.1 温度

保持床温在15～22℃。若温度过高时，可用遮阴、通风、喷雾等手段降温，维持床温不超过24℃、气温不超过26℃。

4.6.2 湿度

扦插后立即浇透水。要求基质含水量保持在其田间持水量的60%～80%

之间，空气相对湿度保持在90%以上，插条及其叶片湿润有光泽。

4.6.3　通风

通风时间可根据天气情况调整，晴天气温高时，早中晚各通1次，天气寒冷或阴雨天时，中午通风1次，每次15～20min。插条生根后移栽前，要增加通风和光照时间。

4.6.4　炼苗

移栽前两周，扦插幼苗根长5～8cm，逐步揭膜除荫，进行炼苗。

4.6.5　移栽

容器采用塑料薄膜容器、营养钵或轻质网袋容器，可根据培养目标选择大小，容器应直径大于15cm、高度大于20cm。将炼好的苗移栽入容器中培育。

4.7　苗期管理

移栽后，应立即浇透定根水，要经常保持叶片和土壤湿润，但不能积水，一般每周灌水1～2次。移栽后应扶干并定期抹芽，使80cm内不留侧枝；当插条萌发新梢后，可去掉遮阴棚；在苗木生长期6～8月，每月可施浓度0.2%氮肥2次；加强病虫害防治，具体方法按油橄榄 第五部分 附录A。

5　嫁接育苗

5.1　砧木的培育

5.1.1　苗床准备

播种床土壤要求疏松肥沃、排水良好，苗床宜做成高床。床高20～25cm，床宽1.0～1.2m，床长4～6m。苗床间留步道宽30～40cm。播种前床土用0.2%～0.3%浓度的高锰酸钾，或用多菌灵500倍液喷洒消毒。

苗床在露地和温室均可。

5.1.2　播种时期

青熟果种子，随采随催芽随播种。完熟果种子，采种后需处理至种子裂口方可播种。

5.1.3　种子处理

完熟果种子播种之前需放在25～30℃的温水中浸泡4～6d（每日换水1次），取出种子风干，然后用400mg/kg浓度赤霉素（GA_3）浸种24h，再在室内晾干后沙藏层积催芽处理，待种子裂口率达到10%以上即可播种。

5.1.4 播种量

每平方米播种0.5～0.8kg，约1000～1200粒，可出苗约300～500株。

5.1.5 播种方法

采用条播、撒播均可。种子播好后在上面覆盖一层厚度为2～3cm的消过毒的细沙土。播后浇透水，沙土上面铺一层稻草等覆盖。

5.1.6 播后管理

要保持播种床面表土湿润，疏松不板结，直到种子发芽出土。

出苗后及时撤除床面上的覆盖物，在苗床表面可施一层草木灰。幼苗出齐后，苗床应每隔半月喷施1次800倍多菌灵杀菌剂或喷施1次1%的波尔多原液。

5.1.7 移栽

在幼苗长出2～3对真叶的时候宜移栽，将幼苗移栽在营养袋中培育大苗。

5.1.8 移栽后管理

移栽后要及时松土除草。幼苗生长期5～8月，每半月喷洒0.2%磷酸二氢钾1次。要预防地老虎、蛴螬害虫吃根和预防根腐病。雨季注意排水，防止积水。

5.2 砧木的选择

要求树体生长健壮，主干完好，无病虫害的实生苗。枝干粗度以直径不超过2cm为宜。

5.3 接穗和接芽的采集

5.3.1 接穗选择

见LY/T 1532—2021《油橄榄》（以下简称《油橄榄》）第二部分 采穗圃营建技术规程 6.2.1。

5.3.2 采集时间

插皮接接穗可在休眠期和生长季采集，休眠期采集须在萌芽前1～2周完成；生长季可随用随采。芽接接穗应在生长季采集，于所选接穗上的芽成熟时随接随采。

5.3.3 采集方法

见《油橄榄》第二部分 采穗圃营建技术规程 6.2.3。

5.3.4 穗条贮藏

见《油橄榄》第二部分 采穗圃营建技术规程 6.2.4。

5.4 嫁接

5.4.1 嫁接时间

宜在春季树液开始流动、树皮容易剥离时嫁接。

5.4.2 嫁接方法

5.4.2.1 插皮接

见《油橄榄》第二部分 采穗圃营建技术规程 6.2.5.3.1。

5.4.2.2 芽接法

5.4.2.2.1 切砧

在苗木上距地面10～15cm处，在砧木上方和下方1.5cm处各横切一刀，在两横刀间，再竖切两刀，竖刀与横刀充分相连，取下皮层。

5.4.2.2.2 削芽片

选取饱满无损伤的新芽，先去掉芽下叶柄，越平越好，然后在芽上方和下方1.5cm处各横切一刀，在两横刀间，再竖切两刀，竖刀与横刀充分相连，取下芽片，注意芽眼处小木芯应在芽片上，但不要带木质。

5.4.2.2.3 插入芽片

拿住取下的芽片，把芽片紧贴在砧木木质上，两边微露白边切口。

5.4.2.2.4 包扎

用宽1.5cm的塑料条，由上而下一圈一圈地将伤口全部包严，把芽和叶柄露出。

5.4.3 嫁接后管理

若采用插皮接，则待夏梢长成后，将辅养枝分次剪去；若采用芽接，则待抽出新梢20cm后，从接芽上方0.5cm处向芽的背面微斜剪去砧木。

其余技术见《油橄榄》第二部分 采穗圃营建技术规程 6.2.5.4。

5.4.4 水肥管理

油橄榄嫁接育苗之后2周内禁忌灌水施肥，当新梢长到10cm以上时应及时追肥浇水，一般每亩追施尿素25kg，追肥后浇水一次，7月份以后每半月喷施一次磷酸二氢钾300～500倍液，也可将追肥、灌水与松土除草结合起来进行。

6　苗木质量

6.1　苗木出圃

二年生或二年以上油橄榄嫩枝扦插或嫁接苗木才允许出圃。

6.2　苗木质量等级

苗木质量共分一、二两级，等级规格指标见表9-1。

表9-1　油橄榄苗木标准

苗木类型	苗龄	苗木等级								综合控制指标
		一级				二级				
		地径/cm	苗高/cm	嫁接口上方直径/cm	嫁接部位以上长度/cm	地径/cm	苗高/cm	嫁接口上方直径/cm	嫁接部位以上长度/cm	
扦插苗	2	1.2	110	—	—	1.0	90	—	—	品种纯正，无检疫对象，生长健壮，苗干直立，枝条充分木质化，苗木无机械损伤，容器无破损
嫁接苗	1+2	—	—	1.2	90	—	—	1.0	60	

6.3　检测方法和规则

按GB 6000执行。

二、油橄榄丰产栽培技术规程

（LY/T 1532—2021《油橄榄》节选）

前　言

本文件按照GB 1.1—2020《标准化工作导则　第1部分：标准化文件的结构和起草规则》的规定起草。

本文件是LY/T 1532—2021《油橄榄》的第四部分。

本文件代替LY/T 2036—2012《油橄榄栽培技术规程》。与LY/T 2036—2012相比，除结构调整和编辑性改动外，主要技术变化如下：

——增加了油橄榄适生区气象因子条件（见4）；

——修订了施肥的技术内容和要求（见6.2）；

——修订了灌溉的技术内容和要求（见6.3）；

——增加了自然开心形和单锥形2个树形的结构特点和整形方法（见7.1.1、7.1.2）；

——修订了修剪的技术内容和要求（见7.2）；

——删除了裸根苗相关技术内容；

——删除了空头圆头形和三主枝开心形2个树形的结构特点和整形方法；

——删除了采收与贮藏一章节内容；

——删除了资料性附录B（油橄榄主要栽培品种）。

本文件由全国经济林产品标准化技术委员会（TC557）提出并归口。

本文件起草单位：甘肃省林业科学研究院、云南省林业和草原科学院、陇南市武都区油橄榄研究开发中心。

本文件主要起草人：姜成英、宁德鲁、赵海云、吴文俊、赵梦炯、冯丽、祁海红、陈海云、张艳丽、马婷、陈炜青、徐田、肖良俊、缪福俊、冯彩霞、吴平、王洋、戚建莉、张洋军、吕斌燕、刘在国。

本文件及其所代替文件的历次发布情况为：

——2012年首次发布为LY/T 2036—2012；

——本次为第一次修订。

7 范围

本文件规定了油橄榄适生区域、建园技术、土肥水管理、整形修剪、病虫害防治和园地清理等油橄榄良种丰产栽培技术内容和要求。

本文件适用于油橄榄生产栽培。

8 规范性引用文件

下列文件中的内容通过文中的规范性引用而构成本文件必不可少的条款。其中，注日期的引用文件，仅该日期对应的版本适用于本文件；不注日期的引用文件，其最新版本（包括所有的修改单）适用于本文件。

GB/T 15776 造林技术规程

9 术语和定义

本文件没有需要界定的术语和定义。

10 适生区域

10.1 适宜区

10.1.1 气象因子

应满足以下条件：

——年平均气温14～18℃；

——一月平均气温9～13℃；

——极端最低温-9～-7℃；

——年积温≥5000℃；

——年雨量400～1000mm；

——年平均相对湿度60%～70%；

——日照时数≥1800h。

10.1.2 具体区域

见附录A。

10.2 次适宜区

10.2.1 气象要素

应满足以下条件：

——年平均气温14～18℃；

——一月平均气温9～13℃；

——极端最低温-9～-7℃；

——年积温≥5000℃；

——年雨量700～1200mm；

——年平均相对湿度≤80%；

——日照时数1500～1800h。

10.2.2 具体区域

见附录A。

11 建园技术

11.1 园址选择

11.1.1 地理位置

在适生区选择相对集中连片、交通方便、水源充足的地方为园址，在山地种植油橄榄，宜选择阳坡，坡度<25°。

11.1.2　土壤条件

选择通透性好的壤土，pH值6.5～8.5。

11.2　品种选择

宜选用经国家或省级林木品种审定委员会审（认）定，并适宜当地栽植的良种（见《油橄榄》第二部分 附录A）作为主栽品种。同一片区的宜选择2～4个花期基本一致的品种。

11.3　整地与栽植

11.3.1　整地方式

分全垦和带状整地（见GB/T 15776）。

11.3.2　整地时间

按GB/T 15776执行。

11.3.3　开挖定植穴

槽式栽植坑，槽宽100～120cm、深100cm；穴式栽植坑，穴宽100cm、深100cm。将挖出的表土和心土分别堆放，以便表土回填。

降雨较多或土壤较黏重的或地下水位较高地区可采用起垄方式，垄高30～35cm，垄宽1m左右，在垄上挖穴式栽植坑，规格同上。

11.3.4　基肥

每穴施有机肥20～50kg以上。根据土壤营养状况可适量增施其他肥料。

11.4　苗木要求

选择2年二级以上扦插苗或嫁接苗，无机械损伤和病虫害。

11.5　栽培技术

11.5.1　栽植密度

株行距为（4～7）m×（4～7）m，每亩栽20～30株为宜。

11.5.2　定植方式

三角形配置、正方形配置和长方形配置3种。

11.5.3　定植时间

容器苗一年四季均可栽植，以春秋栽植为宜。

11.5.4　栽植方法

按预定的株行距确定定植点，以定植点为中心挖定植穴。栽植时将肥料与表土拌均匀后回填，回填至离地面20～30cm后，再将去掉容器的苗木放入定植坑，边回填土边压紧，回填后深浅要与原容器高度相一致，定植后覆土高度略高于营养土。

11.5.5 栽后管理

栽后在苗木周围培成一个圆形土盘。浇透定根水后，在土盘上覆盖一层表土，干旱地区也可覆盖稻草或地膜。待水干后设立支柱，扶正苗木。

12 土肥水管理

12.1 土壤管理

12.1.1 扩穴

定植后每年秋冬季采果后，进行一次扩穴。扩穴深度30～40cm，穴沟宽30～40cm。扩穴范围在定植坑以外，或树冠投影外围。雨水多，黏土的果园采用耕翻或树盘耕翻。

12.1.2 松土除草

每年在树冠幅内进行2～3次松土除草，松土深度宜浅，以不损伤根系为原则，小树深度不超过5cm。成年树松土深度10～20cm，松土范围距离树干20～30cm。

12.1.3 深翻

每年结合除草对林间土壤深翻1～2次，以保持土壤疏松。

12.2 施肥

12.2.1 施肥时间

基肥在果实采收后至1月底；追肥一般2～3次，可在萌芽前后、开花前一个月和果实发育期进行；叶面喷施在果实发育期和硬核期各喷施1～2次。

12.2.2 施肥量

12.2.2.1 基肥

以腐熟的有机肥为主。施肥量幼树（1～4年）10～20kg/株，初果期树（5～10年）30～50kg/株，盛果期（10年以上）50～100kg/株。

12.2.2.2 土壤追肥

土壤追肥一般以氮、磷、钾肥为主，也可根据土壤状况补充微量元素。每年幼树施氮肥50～200g/株，施磷肥300～500g/株；初果期树施氮肥250～500g/株，施磷肥500～1000g/株，施钾肥200～300g/株；盛果期（10年以上）树施氮肥1000～2000g/株，施磷肥1000～2000g/株，施钾肥300～500g/株。

12.2.2.3 叶面追肥

可用1～3g/L尿素和5～10 g/L过磷酸钙溶液，或磷酸二氢钾溶液及1～5g/L硼砂溶液。

12.2.3 施肥方法

12.2.3.1 全园撒肥

在成年油橄榄园或密植油橄榄园，当根系已布满全园时采用此法。即把肥料均匀撒在油橄榄园，结合翻耕、埋入土中。

12.2.3.2 环状沟施肥

此法多用于幼树。即在树冠投影范围的外缘挖出宽、深各40～50cm的环状沟，将肥料与表土混合均匀施入沟内，覆土灌水。结合扩穴每年向外扩展。

12.2.3.3 放射状施肥

适用于幼树或成年大树。即以树冠边缘为中心离树干1.0～1.5m处向外开沟，沟成放射状4～8条，最好在两个骨干枝之间挖施肥沟，沟宽30cm、深10～40cm，近树干处宜浅，向外逐渐加深，不伤主侧根，施肥后覆土灌水。用此法施肥，每年要更换开沟的位置。

12.3 灌溉

12.3.1 灌溉时间

灌水时间和灌水次数依当地气候条件而定。一般在以下几种条件下必须保证充足水分：

——花芽分化期；

——开花坐果期；

——果实膨大期；

——硬核期；

——油橄榄树出现凋萎时；

——冬春干旱地区，冬春两季。

12.3.2 灌溉方式

灌溉方式可根据现有园地条件采取漫灌、沟灌、管灌、微喷或滴灌等。

12.4 排水

在易产生积水的园区，应设置排水系统及时排水。

13 整形修剪

13.1 整形

13.1.1 自然开心形

13.1.1.1 结构特点

无中心领导干，由主干、主枝和侧枝组成，主枝较少，在主枝上直接培养侧枝或结果枝，没有二级主枝。树冠形成快、低矮，中心开张，通风透光性好，适宜于各种地形和密植栽培。

13.1.1.2 整形方法

树高60～80cm定干，自下而上选留3个生长健壮、分布均匀，并与主干开角45°的枝条作主枝，然后在第3个主枝上部剪除主干。每个主枝上直接选留着生5～6个侧枝，侧枝间距15～20cm，于各侧枝上直接培养结果枝组，主枝长控制在3m以内，侧枝长控制在1.5m以内。

13.1.2 单圆锥形

13.1.2.1 结构特点

树冠狭长直立、体积小、结果面积大，被各国广泛地用于高密度的集约栽培园（2200株／hm^2），幼树生长期短，结果早。适合采收机采果。

13.1.2.2 整形方法

主要依其自然生长形成，修剪为辅，整形期内要把握中心干的主导地位，要始终保持其直立的强生长势，使干周的侧枝分布均匀，长势均衡。

栽植后将苗木主干固定，使其直立地自然生长。除剪去与中心干竞争的直立枝外，一般不作任何修枝。当树高在3.0m左右时，剪除最低部（距地面35cm左右）的侧枝，及时疏除树顶的竞争枝，保留生长中庸的直立枝领头，对树冠内部的细弱枝和徒长枝疏除，使主枝要沿着主干螺旋式地分布。树高控制在3.5～4.5 m，按比例地剪短侧枝。

13.1.3 疏散分层形

13.1.3.1 结构特点

疏散分层形的主要特点是有中心领导干，主枝5～6个，分3层排列。5主枝树形，第1层和第2层各2个主枝，第3层1个主枝。6主枝形第1层3个主枝，第2层2个主枝，第3层1个主枝。

13.1.3.2　整形方法

定干60 cm以上，由下向上按15～20cm间距选留3个生长健壮、分布均匀、平面夹角在120°左右的枝条作为第1层3个主枝。在第3主枝以上80～100cm处，按20cm间距再选留2个枝条作为第2层主枝。选留时要与第1层主枝相互错开。在第2层主枝以上60～70cm处选留1个枝条作为第3层主枝，并将主干剪掉。在每层主枝与主干60cm处选留一级侧枝并按40～50cm间距选留3～5个一级侧枝。一级侧枝应相互错开。在一级侧枝上再留二级侧枝，培养成结果枝组。

13.2　修剪

13.2.1　修剪时间

在生长期和休眠期均可进行，一般以休眠期为主。生长期修剪应在每年枝条开始生长到立夏前完成。休眠期修剪应在采果后至翌年春季发芽前进行。

13.2.2　修剪方法

以疏剪、缩剪和短截为主。

13.2.3　不同树修剪方法

13.2.3.1　幼树

以轻剪为主，主要疏除过密枝、交叉枝和竞争枝。短截着生位置较好的徒长枝，培养为辅养枝。每次修剪的枝叶量不要超过总枝叶量的10%。

13.2.3.2　结果初期树

修剪以轻剪为主，多疏少截。

13.2.3.3　盛果期树

13.2.3.3.1　修剪要求

应在冬、春休眠季节将已经结过果的枝条疏剪或回缩，促其萌发新的枝梢为来年结果预备枝。对于过密或者衰弱的枝条要及时疏除，过密的营养枝疏除或短截，使树体总的结果枝、营养枝和结果预备枝各占1/3左右。当春季现蕾时，若花量过大，要及时疏除一部分。

13.2.3.3.2　大年树修剪

大年树修剪程度宜重，可剪除和短截部分结果枝。

13.2.3.3.3　小年树修剪

尽可能保留上年抽生的一年生枝条，仅疏除细弱枝、密生枝、病虫枝、徒长枝。

13.2.3.3.4 弱树修剪

加强水肥管理。采取重度回缩的方法。对于骨架健壮但衰老枝过多的，应适当疏除衰弱枝，或直接重度回缩至健壮、具有饱满芽的部分；对于枯死严重的植株可以直接将主干保留1～2m全部去除，令其萌发新枝，重新整理树形。

13.2.4 冻害树的修剪

及早摘除冻死叶片，萌芽后剪去冻害枝梢；保留新发枝条，保护树干和其他骨干枝。

14 病虫害防治

14.1 主要病害

孔雀斑病、炭疽病、青枯病、肿瘤病、枝枯病、根腐病。

14.2 主要虫害

云斑天牛、金龟子、绵蚧、大粒横沟象、介壳虫、果实蝇、豆天蛾。

14.3 防治方法

具体防治方法见附录B。

15 园地清理

夏末秋初清除园内杂草和杂灌，清除枯死树；病虫危害园彻底清除受害木和病源木。

附　录　A

略。

附　录　B（资料性附录）

略。

附　录　C　油橄榄适生区

C.1　适宜区：金沙江干热河谷地带（云南的宾川、永仁、永胜，四川的西昌、德昌、米易、冕宁等），西秦岭南坡白龙江低山河谷地带（甘肃的武都、文县、宕昌、康县）；长江三峡低山河谷区（湖北的宜昌、秭归、巴东到重庆市的巫山、奉节、万县及其临近低山河谷）。

C.2　次级适宜区：秦岭南坡汉水流域上游地带（陕西的汉中、城固）、四川盆地大巴山南坡嘉陵江河谷地带（四川的广元、三台、盐亭、梓潼、南江、巴中、剑阁等）、以昆明为中心的滇中地带（昆明、江川、晋宁、宜良等），长江中下游亚热带（湖北的宜昌到武昌一带、湖南的永州）。

附　录　D　油橄榄主要病虫害
（资料性附录）

油橄榄主要病虫害为害症状及其防治方法详见表9-2。

表9-2　油橄榄主要病虫害为害症状及其防治方法

名称	症状	防治方法
孔雀斑病 *Cycloconium oleagium* Cast	叶片表面病斑开始出现时，为煤烟状的黑色圆斑，随着病斑的扩大，中间变为灰褐色，有光泽，周围为黑褐色，有时病斑周围有一黄色圆圈，似孔雀的眼睛。果实在成熟期较易感病，病斑圆形、褐色、稍下陷。枝条上的病斑不容易发现。孔雀斑病发病最适温度18～20℃，温凉的雨季有利于病害的发生和发展	（1）农业措施　加强综合性栽培管理措施，增强树势，提高树体抗病能力。适时清除、烧毁病枝、病叶、病果，消灭越冬病原 （2）化学防治　在雨季来临前2个月，以1∶2∶200波尔多液或绿乳铜乳剂600～1000倍液进行预防。发病期每隔7～10天喷洒1∶2∶200波尔多液，或50%多菌灵可湿性粉剂500～800倍液，或60%苯来特1000～1500倍液进行防治
炭疽病 *Gloeosponium olivarum* Alm.	主要危害油橄榄嫩枝、嫩叶、嫩梢、花序梗以及果实。但以果实危害最为严重。叶片感病起初多发生在叶缘和叶尖。病斑最初为一个褐色小圆点，后扩散至全叶，病斑中心略下凹，呈灰白色，周围形成白色环圈，呈轮纹状排列。果实发病较枝叶晚。幼果形成后受病菌危害时，由于发病期气候条件不同，果实的危害形状亦不同。感病果实发生在气候干燥的条件下，病部斑点呈灰褐色或暗褐色，果肉失水干缩，不脱落呈干僵果挂于枝条上。感病果发生在空气湿度大、多雨季节，病斑在果实上蔓延很快呈暗褐色，病部凹陷腐烂，由局部发展到全果	（1）农业措施　及时观察树情，发现病株。当枝梢顶端有枯死现象或果实出现病斑时，应及早摘除病果和剪除病枝，清理园地；注意排水，适当修剪，通风透光 （2）化学防治　秋收采果后，全园喷一次0.3～0.5°Bé石硫合剂。在春季新梢生长至花期，喷施1∶2∶200波尔多液2～3次预防，果实发病期用40%多菌灵可湿性500～800倍液可以控制病害蔓延
青枯病 *Pseudomonas solanacerum* Smith	该病是一种细菌性的维管束病害，可致发病植株短期内枯死，具有毁灭性危害特点。初期病症不易识别，表现为全林有的植株叶色浅一点或略现黄色，在健壮株树冠上，零星产生一些小枯枝。继续发展，就会出现叶片失水、反卷、无光泽、大枝青枯或枯萎，小根腐烂，韧皮部和木质部交界处变褐。木质部横断面出现不规则的褐色花纹，并有乳白色或略带褐色的菌脓溢出，至此病树近于死亡	（1）农业措施　应严格选地，禁用种植过茄科、花生、芝麻等前茬作物的土地营造油橄榄林或严禁在油橄榄林中间种上述作物。对零星病株及时治疗或清除 （2）化学防治　有条件时进行土壤消毒，初发病株可用甲基托布津或500～800单位链霉素液灌根防治

续表

名称	症状	防治方法
黄萎病 *Verticillium* Wilt	苗木至大树均受害，严重时可全株枯死。大树感病时，在生长季早期，一个或多个枝条突然枯萎，随生长季而加重，后期树皮纵裂并布满褐色条状或块状病斑，木质部腐朽，全株枯死。幼树感病时，整株树色变淡，生长较弱，叶片变黄，可能会枯死。有时油橄榄感病品种出现落叶但无叶片发黄症状，有时同时出现迅速萎蔫、叶片卷曲和叶发黄等症状。病枝剥去树皮后可见木质部变色，有浅褐色条纹，横切面上可见维管束部位点状或环状黑褐色坏死	（1）选择无病害的土壤，加强果园管理，多施有机肥改善土壤结构，提高土壤通透性，做好排水 （2）经常检查病情，及时观察树情，发现病株，挖除病株，带出园外焚烧处理。翻开被病菌侵染的地块，采用日晒土壤方法改造
肿瘤病 *Pseudomonas* *savastanoi* Smith	肿瘤发生于枝、干、根茎、叶柄、果柄等各部位。起初在染病部位产生瘤状突起，表面光滑浅绿色；中期，肿瘤逐渐增大，形状不规则，表面粗糙，有裂纹，变成深褐色；后期肿瘤外部出现较深的裂隙，内为海绵状，后分崩脱落，形成溃疡，瘤内大量细菌，遇雨水或空气潮湿，由孔道溢出或呈黏液状附在瘤外	（1）农业措施　剪除肿瘤是最简易方法，剪下的病枝集中烧毁。异地引种加强检疫。因冻害、修剪、采果等原因造成的伤口，要消毒保护。外地繁殖材料引进时，应严格检查，实施检疫 （2）化学防治　树上伤口用1000单位链霉素液或0.1%升汞液消毒
叶枯病 Phomopsis olea-europaea	叶片感病后，正面产生褐色小斑点，病斑不断扩大，初期为白色，形成同心轮纹，中层形成褐色晕环；叶背没有受害症状。叶片受害部位周围渐失绿，后期变黄，大面积干枯，继而掉落。该病严重时会引起大量早期落叶	防治方法同孔雀斑病
根腐病	根腐病主要危害幼苗，成株期也能发病。发病初期，根部仅仅是个别支根和须根感病，并逐渐向主根扩展，主根感病后，早期植株不表现症状，不容易被发现病变。随着根部腐烂程度的加剧，吸收水分和养分的功能逐渐减弱，地上部分因养分供不应求，在中午前后光照强、蒸发量大时，植株顶部叶片出现萎蔫，但夜间又能恢复。当病情严重时，萎蔫状况夜间也不能再恢复。此时，根皮变褐色，并与髓部分离，最后全株死亡	（1）农业措施　①将发生病变的油橄榄树根部土壤（整个土盘）小心扒开5～8cm厚，晾晒10 d以上。刮治病部或截除病根，刮下、切除的病根组织均应带出园外销毁。处理后，用适量的根系促进剂灌根或喷雾，补充树体营养，促进根系生长。待树有生长迹象时，可适当加施腐熟农家肥，尽快恢复树势。②病情严重及枯死株，应及早挖除并销毁。同时，将挖出的土壤及坑做好消毒工作，对病穴土壤撒入1.5～2.0 kg生石灰。③使用草木灰覆盖于树根颈部及整个树盘部位，可以起到防病作用 （2）化学防治　①成树用50%多菌灵可溶粉剂300～500倍液，混加敌克松可溶粉剂500～800倍液，每株用30～40kg药液灌根，并用佳丝本颗粒剂20g对填覆的土壤进行处理，消灭土壤中的其他成虫。②先将病树根颈部土壤挖出，撒一层生石灰水于根部，换入新土时也拌一些生石灰，覆盖，生石灰放入量，应根据植株大小，幼树放入0.5kg，成年树放入2kg即可

续表

名称	症状	防治方法
云斑天牛 *Batocera horsfieldi* Hope	又名云斑白条天牛。甘肃油橄榄栽培区均有不同程度的发生。云斑天牛属杂食性害虫，能危害多种经济树种。成虫啃食枝条嫩枝皮，有时啃成环状通道造成枯死。幼虫钻入木质部蛀食，造成多条通道，以致树势衰弱，产量下降，严重时全株枯死	（1）物理防治　5～6月份捕杀成虫于产卵前。6～7月份刮除树干虫卵及初孵幼虫，人工用木锤击杀卵粒或低龄幼虫。用铁丝通过木屑排泄孔直接刺杀幼虫 （2）生物防治　人工释放致病性真菌或云斑天牛病毒。保护林间天敌跳小蜂和小茧蜂 （3）化学防治　去除虫粪或木屑后插入敌敌畏毒签（或磷化铝毒签），孔口用泥团密封。从虫孔注入80%敌敌畏100倍液或用棉球沾50%杀螟松40倍液塞虫孔。9～10月份成虫羽化期喷洒“绿色威雷”类微胶囊触破式杀虫剂触杀成虫
金龟子 Scarabaeoidea	是鞘翅目金龟总科Scarabaeoidea的总称，是为害油橄榄的主要害虫。幼虫在土壤中啃食油橄榄根部，常造成植株立枯死亡，成虫为害叶片、嫩梢、花和幼果。严重时常将树叶全部吃光，使树势衰弱，生长停滞，或使地上部分枯死，幸存的因无叶片，来年不能开花结实	（1）物理防治　晚上用电灯、黑光灯诱杀成虫，效果显著 （2）化学防治　①在成虫活动期间，用50%辛硫磷乳油1000倍液，或80%敌敌畏1500倍液，或20%杀灭菊酯3000倍液等，对其进行喷洒毒杀。②在幼虫活动期间，用1000倍敌百虫液灌苗窝；还可用3%呋喃颗粒剂（每株树用量为35～50g）撒于树盘内，结合中耕翻入土内毒杀幼虫
大粒横沟象*Dyscerus cribripennis* Mat. et Kono	又称油橄榄象鼻虫。大粒横沟象的成虫和幼虫均能为害，成虫主要取食油橄榄的嫩枝、树皮；幼虫主要横向危害油橄榄主干30cm以下韧皮部并侵入边材，致使输导组织受到破坏，从而妨碍树木体内养分和水分的输导和再分配，导致树势衰弱，危害严重的油橄榄整株死亡	（1）农业措施　可利用成虫的假死习性，在树下铺网，清晨振动树枝，成虫受惊落入网中，集中处理。成虫越冬期结合果园施肥，在树干周围刨土捕杀越冬的成虫 （2）化学防治　①成虫防治方法，将绿色威雷400倍液或2%噻虫啉微胶囊悬浮剂1000倍液，以背负式超低容量喷雾器在树干下部距地面50cm以下部位及树根周围直径1m范围内喷雾，喷湿树干及地面稍湿润药液开始滴流即可，用量1kg/株药液。②幼虫防治方法，选用1.5亿孢子/g球孢白僵菌可湿性粉剂采取地面浇灌或涂抹，地面浇灌以400～500倍液浇灌树根周围直径60cm范围内，用量3kg/株药液；涂抹是使用黄土、牛粪、1.5亿孢子/g球孢白僵菌可湿性粉剂加水拌成泥，涂抹树干下部50cm至根颈部，而后用地膜包裹，黄土、牛粪、白僵菌可湿性粉剂与水的重量配比是黄土：牛粪：白僵菌可湿性粉剂：水＝3000：3000：20：2000

续表

名称	症状	防治方法
油橄榄片盾蚧 *Parlatoria oleae* Colvee	常群居于树枝条、新梢、嫩叶上危害，吸取树液。当橄榄片盾蚧大量发生时，常密被于枝叶及果实上，介壳和分泌的蜡质等覆着在果实及枝叶表面，严重影响植物的呼吸和光合作用，造成树势衰弱，严重时整株死亡。橄榄片盾蚧通常在种植过花椒、柑橘树的油橄榄园常有发生	（1）人工防治　结合冬季修剪除去虫枝，发现若虫用刀刮除 （2）生物防治　保护或人工放养天敌跳小蜂、长尾小蜂、异色瓢虫、七星瓢虫、螳螂等，控制盾蚧发展 （3）化学防治　10月中旬至第2年4月上旬，结合修剪清除有虫枝条；4月中旬至6月上旬、8月上旬至9月下旬，轮换交替使用40%速扑杀乳油1000倍液加害立平1000倍液、25%蚧死净1000倍液加害立平1000倍液，或99%绿颖喷淋油200倍液、48%乐斯本乳油1500～2000倍液加害立平1000倍液，淋洗式喷洒树体
吹绵蚧 *Icerya purchase* Maskell	吸取油橄榄树液，导致树势减弱，发育不良，亦可造成腋芽和枝条枯死，影响开花结实	（1）农业措施　消除带有绵蚧的枝叶，加强栽培管理，促使油橄榄树体健壮生长，增强抵抗能力 （2）生物防治　保护利用其主要天敌，有红点唇瓢虫和黑缘红瓢虫和寄主蜂 （3）化学防治　①以300～800倍的洗衣粉液进行喷洒，效果显著。②3～4月份喷施松脂合剂8～10倍液，可杀死越冬若虫。③6月上旬、9月上旬若虫大量孵化末期，喷施25%喹硫磷500～1000倍液，或50%杀螟松乳油1000倍液。④未结果树可用40%速扑杀乳油1000倍液喷洒
油橄榄实蝇 *Daeus oleae*（Gmel）	主要以幼虫、卵随寄主果实或以蛹随包装物品的调运进行长距离传播，成虫可飞行扩散。若被害果（约30%的果体受害）在收获后只作短期保存（4周之内）就用于生产橄榄油，则产品的价值并非显著降低。然而，当果体受害部分高达60%时，则生产出的橄榄油中过氧化物、饱和脂肪酸的含量均有所增加。而且，果实产卵孔损伤处的凸出部位所含的酸度是正常部位的12倍。受害果的产油量会大大减少，油质也会降低很多	（1）检疫措施　对从疫区输入的油橄榄进行严格的检验。对可携带该有害生物的植物、植物产品及其他检疫物实施严格的现场检验和实验室检测，特别注意果实和相关的包装物等。若发现该有害生物，及时进行除害处理，如用溴甲烷熏蒸等方法进行灭虫处理 （2）农业措施　①在8月中下旬至11月下旬每2～3天一次摘除未熟先黄的虫果，捡拾落地果，集中处理。结合冬季修剪清园把好翻耕灭蛹关，消灭地表10～15 cm耕作层越冬蛹。②成虫发生期采用植物天然提取物与天然优质黏胶制成的“诱粘”诱引实蝇，每个诱剂距离15～20m （3）化学防治　在成虫羽化盛期用48%乐斯本乳油1000倍液向地面和树冠喷雾，毒杀羽化出土的成虫。每隔7～10天喷1次，连喷3～5次

续表

名称	症状	防治方法
豆天蛾*Clanis bilineata*	以幼虫取食油橄榄叶，低龄幼虫吃成网孔和缺刻，高龄幼虫食量增大，严重时，可将植株吃成光杆，导致树势减弱	（1）物理防治　利用成虫较强的趋光性，设置黑光灯诱杀成虫，可以减少田间的落卵量 （2）生物防治　用杀螟杆菌或青虫菌（每克含孢子量80亿～100亿）稀释500～700倍液 （3）化学防治　①2.5%敌百虫粉剂或2%西维因粉剂。②喷洒用90%晶体敌百虫800～1000倍液，或45%马拉硫磷乳油1000倍液，或50%辛硫磷乳油1500倍液，或2.5溴氰菊酯乳剂5000倍液
桃蛀螟*Dichocrocis punctiferalis*	以幼虫为害油橄榄，初孵幼虫在油橄榄果实基部吐丝蛀食果皮，然后蛀入果心，蛀孔分泌黄褐色胶液，周围堆积大量虫粪，造成直接经济损失	（1）农业措施　建园时不宜与桃、梨、苹果、石榴等果树混栽或近距离栽植 （2）化学防治　在9月上旬至下旬，油橄榄树上喷布20%氰戊菊酯（杀灭菊酯）4000～7000倍液，或40%水胺硫磷乳油2000倍液，或50%杀螟硫磷乳油1000倍液等农药，半月后再喷1次 （3）生物防治　①喷洒苏云金杆菌75～150倍液或青虫菌液100～200倍液。②诱杀成虫，即在成虫发生期，采用黑光灯、糖醋液、性外激素诱杀成虫

三、油橄榄低产园改造技术规程

（LY/T 1532—2021《油橄榄》节选）

前　言

本文件按照GB　1.1—2020《标准化工作导则　第1部分：标准化文件的结构和起草规则》的规定起草。

本文件是LY/T 1532—2021《油橄榄》的第五部分。

本文件代替LY/T 3007—2018《油橄榄低产园技术规程》。与LY/T 3007—2018相比，除结构调整和编辑性改动外，主要技术变化如下：

——增加了改造对象，细化了改造目标（见4）；

——增加了低产园类型及改造方式（见6）；

——删除了资料性附录B（油橄榄良种特性及其适应性生态条件）；

——删除了资料性附录C（油橄榄主要病虫害及其防治）。

本文件由全国经济林产品标准化技术委员会（TC557）提出并归口。

本文件起草单位：甘肃省林业科学研究院、云南省林业和草原科学院、陇南市武都区油橄榄研究开发中心。

本部分主要起草人：姜成英、赵梦炯、宁德鲁、季元祖、戚建莉、金高明、马超、陈海云、吴文俊、陈炜青、李勇杰、吴平、王洋、张艳丽、赵海云、闫仲平、吴涛、潘莉、刘在国、俞潇潇、王鹏。

16 范围

本文件规定油橄榄低产园改造目标、低产成因调查、低产园改造方式、低产园改造措施和技术档案建立等。

本文件适用于油橄榄低产园改造。

17 规范性引用文件

下列文件中的内容通过文中的规范性引用而构成本文件必不可少的条款。其中，注日期的引用文件，仅该日期对应的版本适用于本文件；不注日期的引用文件，其最新版本（包括所有的修改单）适用于本文件。

本文件没有规范性引用文件。

18 术语和定义

本文件没有需要界定的术语和定义。

19 改造对象及改造目标

19.1 改造对象

进入盛果期后，产量连续3年＜同类立地条件油橄榄园的30%。

19.2 改造目标

连续改造3年的各项指标达到：

——密度：22～33株/667m^2；

——病虫危害率：第二年＜30%；第三年＜15%；第四年＜8%以下；

——产量：第三年≥300 kg/667m^2（品种不适型除外）。

20 低产成因调查

20.1 调查方法

采取样地抽样调查法，采用对角线抽样，抽样面积不低于调查园地面积的5%。

20.2 调查内容

立地条件、品种、树龄、平均冠幅、结实株数、结实量以及管理状况等（见附录G）。

21 低产园类型及改造方式

低产园类型及改造方式见表9-3。

表9-3 低产园类型及改造方式

低产园类型	特征	改造方式（对应下面内容）
管理粗放型	管理粗放，立地条件差，结实株率>70%，产量<同类立地条件平均水平的30%	抚育管理
品种不适型	品种不适宜或品种混杂，产量<同类立地条件平均水平的30%	品种改良、造林复壮+抚育管理
密度过高型	树冠交错、相互拥挤的园地，密度大于33株/667m²	过密园改造+抚育管理
树势衰老型	树势衰弱，树体结构差，病虫害严重，结实株率<40%，产量<同类立地条件平均水平的30%	复壮更新+抚育管理

22 低改技术措施

22.1 抚育管理

22.1.1 土壤改良

对于黏重土壤（粉沙粒或黏粒超过50%）要深翻土壤60～80cm，可施入沙土、腐殖土、沼渣等改良土壤结构。

22.1.2 pH值调整

酸性土壤（pH <6）可增施农家肥或施入消石灰、碱性肥料等改良土壤；碱性土壤（pH >8）可施入农家肥、泥炭、酸性肥料等改良土壤。

22.1.3 园地及树体管理

按《油橄榄》第四部分 6～9执行。

22.2 品种改良

22.2.1 品种选择

宜选择使用国家或省级林木品种审定委员会审（认）定的油橄榄品种（见《油橄榄》第二部分 附录A）。

22.2.2 嫁接技术

以插皮接和腹接法为宜。方法按《油橄榄》第二部分6.2执行。

22.3 过密园改造

22.3.1 密度调整

按照间密留稀、去劣留优、均匀分布的原则进行疏伐。保留株数为20～

30株/667m^2。

22.3.1.1　隔行伐枝分年间伐改造

根据地势和树势，标定“永久行”（留下不动）和“让路行”（计划伐移）。第一年锯去让路行各株伸向行间两边的大枝，保留垂直枝条，呈篱壁状树形，让其继续结果。第二、三年伐去同行伸向两边的侧枝，并对直立大枝进行打顶回缩，使之成为圆头状幼年树冠，并在第四年带土球移出。

22.3.1.2　隔行隔株间伐改造

即每隔一行对另一行隔株间伐或间移，全株去掉，间伐后第二年无须再行间伐，于第三年再行第二次间伐，伐去间行余株或另行隔株均可。

22.3.2　树形调整

对株行距适宜，树冠密闭、树体高大的橄榄园可采用以下方法进行改造：

——对树冠内过密、交叉重叠、衰退等影响整个树体结构的骨干枝从基部锯除；对与左右植株交错重叠的骨干枝缩上留下，使株与株之间留出空间。

——对树体高大的植株应先压缩直立的骨干枝顶端部分，再压缩侧生骨干枝顶端。其他按常规要求修剪。

22.4　复壮更新

22.4.1　衰弱树改造

22.4.1.1　内膛嫁接

对树冠内部枝条衰老，树体内膛空的树体可进行内膛嫁接。在2～3级枝的空档处嫁接，嫁接时间及方法见《油橄榄》第二部分6.2.5.3.2。

22.4.1.2　截干更新

对于树冠整体衰老，新梢生长弱的树体可进行截干更新。具体做法为：

——宜在冬末和早春进行。

——全面截除大枝，截干部位在大枝中、下部。截枝后形成枝头高低错落有致、四周开张的丰产冠形。削面要保持平滑。

——次年早春在各截枝的中上部选留方位好、角度适宜、生长健壮、无病虫害的萌条3～5根，构成新树冠，其余萌条从基部全部剪除。

22.4.2　造林更新

在树冠下株间空地，选用良种壮苗植苗造林更新，密度22～30株/666.7m^2，造林3～4年后及时伐除衰老植株。如老园过密，应先疏伐。

23　资料建档

凡改造面积超过10 hm^2 的油橄榄低产园，应由县林业主管部门进行登记并建立技术档案，内容包括低改油橄榄林立地条件、面积、密度、品种构成、年龄组成及改造所采取的措施等。

附　录　E

略。

附　录　F（资料性附录）

略。

附　录　G　油橄榄低产园调查表

表9-4、表9-5给出了油橄榄低产园基本情况和标准样地植株的调查表。

表9-4　油橄榄园基本情况调查表

调查地点：		
样地权属：	海拔高度：	
地势：　□平坦	□缓坡	□陡坡
坡度：	坡向：	坡位：
样地面积：	土壤类型：	密　度：
树　龄：	灌溉条件：	灌溉次数/年：
品　种：		
已挂果树：	未挂果树：	
施肥时间：	施肥种类：	施肥次数/年：
病虫害种类及危害程度：		
单株最高产量（kg）：	年产鲜果总量（kg）：	经济收益（元）：
近三年产量（kg）：		
间作：		
异常期间管理措施：		
存在问题：		
备 注：		

调查日期：　　　　　　　　　　　　　　　　　　　　调查人：

表9-5　油橄榄低产园标准样地植株调查表

调查样地：________　　调查面积：________　　海　拔：________

植株号	树高/m	地径/m	冠幅/m	树形	枝下高/m	产量/kg	备注

调查人：________　　调查时间：________

附　录　H
（资料性附录）

油橄榄低产园改造建档表见表9-6。

表9-6　油橄榄低产园改造建档表

改造地点:	改造时间：			样地权属：	
样地面积：	海拔高度：			灌溉条件：	
改造前密度：	病虫害情况：				
改造前品种：					
改造措施:					
是否补植：	苗木等级及品种：				成活率：
改造后品种：					
改造后密度：					
改造后病虫害情况：					
其他栽培管理措施：					
	改造后1年	改造后2年	改造后3年	改造后4年	改造后5年
单株最高产量/kg					
年产鲜果总量/kg					
经济收益/元					
存在问题：					
备 注：					

四、油橄榄采收与采后处理技术规程

（LY/T 1532—2021《油橄榄》节选）

前　言

本文件按照GB 1.1—2020《标准化工作导则　第1部分：标准化文件的结构和起草规则》的规定起草。

本文件是LY/T 1532—2021《油橄榄》的第六部分。

本文件代替了《油橄榄鲜果》（LY/T 1532—1999），与LY/T 1532—1999相比，除结构调整和编辑性改动外，主要技术变化如下：

——增加了油用品种、果用品种、果实成熟度指数、青果和青熟果等5个术语和定义（见3.1、3.2、3.3、3.4和3.5）；

——增加了油橄榄采摘技术内容（见4.1、4.2）；

——增加了规范性附录A（成熟度指数计算方法）；

——修订了完熟果、残次果2个术语和定义（见3.6、3.7）；

——修订了油橄榄果实分类相关技术内容（见5）；

——修订了鲜果分级指标（见5.1、5.2.2）；

——修订了取样方法相关技术内容（见6）；

——修订了包装、运输、贮存相关技术内容（见4.3）；

——删除了油橄榄未熟果、成熟果的术语和定义。

本文件由全国经济林产品标准化技术委员会（TC557）提出并归口。

本文件起草单位：甘肃省林业科学研究院、陇南市武都区油橄榄研究开发中心。

本文件主要起草人：赵海云、姜成英、闫仲平、冯彩霞、武蕾、王芳、戚建莉、陈炜青、赵梦炯、王鹏、吴文俊、祁海红、李娜、马春娟、冯丽、刘在国、吕斌燕、马玮、刘雅宏、俞潇潇。

24 范围

本文件规定了油橄榄的鲜果采摘、采后处理和鲜果质量。

本文件适用于油橄榄的采收和加工。

25 规范性引用文件

下列文件中的内容通过文中的规范性引用而构成本文件必不可少的条款。其中，注日期的引用文件，仅该日期对应的版本适用于本文件；不注日期的引用文件，其最新版本（包括所有的修改单）适用于本文件。

GB 5009.6 食品安全国家标准　食品中脂肪的测定

26 术语和定义

下列术语和定义适用于本文件。

26.1

油用品种（Variety for oil）

果实适于榨取橄榄油的品种。果实具有含油率高、油脂品质好的特性。

26.2

果用品种（Variety for fruit）

果实适于加工为罐头、果脯等食品的品种。果实具有含油率低、果肉细嫩、新鲜饱满、果核小、果肉率高、果肉与果核容易分离的特性。

26.3

成熟度指数（Olive Materity Index，MI）

通过对果皮和果肉的颜色的分级来刻划果实成熟程度的定量指标。计算方法按附录A。

26.4

青果（Green olives）

在成熟期着色前，达到正常大小的果实。

26.5

青熟果（Olives turning colour）

生理达到成熟，外部果皮颜色明显变化，在完全成熟之前采收的果实。

26.6

完熟果（Black olives）

果皮颜色呈现该品种固有的成熟颜色的果实。

26.7

残次果（Defect fruit）

发育不良的瘦小瘪果、病虫果、机械伤果、落果和干缩果。

27 采摘及贮运

27.1 采摘时期

根据产品应保有的特点确定采摘时期，一般以果实成熟指数（MI）为依据确定：

——油用品种在MI=1 ～ 7时均可进行采收；

——果用品种因加工方式不同而要求的成熟度不同，青橄榄在MI=1 ～ 2时采收，黑色油橄榄在MI=6 ～ 7时采收。

27.2 采摘方式

可选择人工和机械采摘方式。要求果皮完好，避免与土壤直接接触。

27.3 采后贮运

采后宜用带孔的、不易压损果实的容器（果筐）装运，每筐＜30kg，24h内加工处理。鲜果在筐中堆放高度不超过30cm。

28 鲜果质量

28.1 油用品种

油用品种鲜果分级指标见表9-7。

表9-7 油橄榄油用品种鲜果分级指标

等级	干果（基）含油率/%	Ⅰ类			Ⅱ类			残次果/%	腐烂果	杂质/%
		鲜果不同成熟度果实比例/%			鲜果不同成熟度果实比例/%					
		完熟果	青熟果	青果	完熟果	青熟果	青果			
1	＞40	≥90	1～10	0	—	—	—	≤1	无	0
2	38～40	89～50	10～40	1～10	≥90	1～10	0	≤1	无	0
3	35～37	49～40	50左右	1～10	89～50	10～40	1～10	≤1	无	≤1
4	30～34	—	—	—	49～40	50左右	1～10	≤1	无	≤1
等外	＜30	≤30	≤30	≥30	≤30	≤30	≥30	≤9	无	≤1

28.2 果用品种鲜果

28.2.1 色泽及硬度

用于制作果用青橄榄的鲜果色泽为黄绿色，果实硬或稍硬。

用于制作果用黑橄榄的鲜果色泽为红黑色、紫黑色、深紫色或黑色，果实稍软。

28.2.2 鲜果分级

果用品种鲜果分级指标见表9-8。

表9-8 油橄榄果用品种鲜果分级指标

果实分级		平均单果重/g	平均果肉率/%	残次果/%	杂质/%	腐烂果
等级	名称					
1	特大果型	≥8	≥85	0	0	无
2	大果型	5～7	≥82	0	0	无
3	中等果型	3～4	≥80	≤1	≤1	无
4	小果型	2	≥75	≤1	≤1	无

29 抽样与检测方法

29.1 抽样

抽样数量按油橄榄果数量多少决定：

——同一批筐装的油橄榄果，总数量≥10筐，随机抽取5筐，从每筐中抽取2kg果，总共10kg作为样品。

——同一批筐装的油橄榄果，3筐≤总数量＜10筐，随机抽取3筐，从每筐中抽取2kg果，总共6kg作为样品。

——同一批筐装的油橄榄果，总数量＜3筐，随机抽取1筐，从筐中抽取2kg果作为样品。

29.2 分样

将29.1方法所得的样品平铺在洁净的地面上，均匀地排列成正方形，用四分法分样，连续分三次，最后留得的果实为试样。称量试样重量（kg）（精确至0.01kg）并记录。

29.3 检验方法

29.3.1 杂质检验

混入油橄榄果实中的任何其他物质均为杂质。如砂石、泥土、金属、叶片、果梗、小枝、杂草等。用8mm孔筛筛选试样，拣出筛内杂质和筛下杂质合并称重（kg）（精确至0.01kg）并记录。按式（1）计算杂质率，计算结果按四舍五入保留一位小数：

$$杂质率（\%）=\frac{杂质重\times 1000}{试样重}\times 100\% \qquad (1)$$

29.3.2 残次果检验

在29.3.1检验过杂质的试样中，按照26.7规定，拣出残次果，称重（kg）（精确至0.01kg）并记录。按式（1）计算残次果率，计算结果按四舍五入保留一位小数：

$$残次果率（\%）=\frac{残次果重\times 1000}{试样重}\times 100\% \qquad (2)$$

29.3.3 不同成熟程度果实检验

按照26.4、26.5、26.6规定拣出各类果，分别称重（kg）（精确至0.01kg）并记录。按式（3）～式（5）分别计算，计算结果按四舍五入保留一位小数：

$$完熟果（\%）=\frac{完熟果重\times1000}{试样重}\times100\% \quad (3)$$

$$青熟果（\%）=\frac{青熟果重\times1000}{试样重}\times100\% \quad (4)$$

$$青果（\%）=\frac{青果重\times1000}{试样重}\times100\% \quad (5)$$

29.3.4　含油率检验

按照GB 5009.6执行。

29.3.5　平均单果重检验

将29.2分样后试样称重，逐个数出果实总个数，按式（6）计算平均单果重，计算结果按四舍五入精确到个位。

$$平均单果重（g）=\frac{试样重（kg）\times1000}{试验果实总个数} \quad (6)$$

29.3.5.1　平均果肉率检验

将检验出的残次果合并到原试样中，并混合均匀，再进行抽样计算平均果肉率：

——从中随机称取试样3份，测定试样质量；一般特大果型每份称取90～100g，中等果型每份称取50～70g，小果型每份取30～40g（精确到0.1g）；

——用小刀去掉试验果肉，取出果核并擦干净，不留任何果肉、果汁；

——再分别称量试样果核重（g）（精确到0.1g）；

——利用公式（7）、公式（8）计算果肉率、平均果肉率。

$$果肉率（1，2，3）（\%）=\frac{试样重（1，2，3）-试样果核重（1，2，3）}{试样重（1，2，3）}\times100\% \quad (7)$$

$$平均果肉率（\%）=\frac{果肉率（1）+果肉率（2）+果肉率（3）}{3}\times100\% \quad (8)$$

附　录　A
（规范性附录）

成熟度指数计算方法

A.1　果实取样方法

在橄榄园中选择部分样树，分别在每株树冠中部的各个方位均匀采摘样果，共计100颗。

A.2　果实分类标准

将果实按表9-9的描述进行分类。

表9-9　油橄榄果实成熟度类别及对应特征

成熟度类别编号	果实对应特征
0	果皮呈深绿色
1	果皮呈黄绿色
2	果皮着色面积小于一半
3	果皮着色面积大于一半
4	果皮全部转色，果肉为白色
5	果肉转色部分小于一半
6	果肉转色部分大于一半
7	果肉全部转色

A.3　计算方法

将每种成熟度类别的果实数量值填入表9-10的第二行相应的格子内，按下列公式计算该批果实的成熟度指数。

$$\mathrm{MI}=\frac{0\times a+1\times b+2\times c+3\times d+4\times e+5\times f+6\times g+7\times h}{100}$$

式中，$a \sim h$分别表示样本中果实成熟度类别0～7所对应的果实数量，见表A.2。

计算结果保留到整数。

表9-10　油橄榄果实成熟度指数计算表

类别	0	1	2	3	4	5	6	7
数量	a	b	c	d	e	f	g	h

五、油橄榄综合管理周年作业历

（以甘肃省陇南市为例）

时间	物候期	管理任务	技术措施
四月上旬至四月中旬	发芽期	水肥管理	灌溉、施春肥（以氮肥为主）
		果园管理	深翻土壤、高接换优
		病虫防治	①用2000～3000倍的溴氰菊酯水溶液进行喷雾杀卵和低龄食叶幼虫。 ②花前期叶面喷洒0.3%～0.5%的硼砂水溶液1次，防治缺硼病
四月下旬至五月下旬	开花期	水肥管理	叶面喷微肥（以钾、钙、镁、硼等为主），防治缺素症。谢花后弱树可增施一次以氮肥为主的复合肥
		苗木繁育	下床苗移栽，容器苗培育
		病虫防治	在花期每隔7～10天叶面喷洒0.3%磷酸二氢钾液2～3次，防治油橄榄缺磷、缺钾等生理性病害
		保花促果	防晚霜；少花树保花保果，开花末期和幼果期各喷施一次植物生长调节剂防落果。多花树适当疏花疏幼果。花期适当进行人工授粉、扭枝等方法提高坐果率
五月下旬至六月中旬	坐果期	水肥管理	花后20天灌溉以提高坐果率，松土除草
		病虫防治	坐果期叶面喷洒0.3%～0.5%的硼砂水溶液1次防治缺硼病。
六月下旬至七月下旬	果实膨大期	果园管理	夏季修剪（抹芽、摘心、扭梢、环剥等）、曲枝和开张角度等，同时抹除丛芽和疏除过密枝条，中耕除草，根据土壤墒情适时灌溉，叶面喷肥（以钾、钙、镁、硼等微肥为主），夏季芽接培育小苗
		病虫防治	6～7月份是天牛产卵盛期，发现有虫粪排出，可用铁丝从孔外钩杀，或用棉球蘸药剂堵塞虫孔，或用兽用注射器注入乐果原液至虫孔，外用黏泥封闭孔口，外包塑料薄膜熏杀。或采用白僵菌黏膏进行涂孔防治

续表

时间	物候期	管理任务	技术措施
八月上旬至九月下旬	硬核期	水肥管理	该期降雨不足或伏旱必须灌水，保证果实发育和油脂形成，防止果实皱缩；防旱排涝；施磷、钾肥为主的复合肥增强枝条充实度，以便越冬
		果园管理	秋季修剪（摘心控制秋梢），中耕除草
		病虫防治	①用1%波尔多液、75%百菌清400倍液或50%多菌灵500倍液，高温、雨后喷施防治油橄榄孔雀斑病效果较好；及时剪除、烧毁病枝、病叶、病果，消灭越冬病原菌。②9～10月份为油橄榄炭疽病盛发期，每半月喷洒1%波尔多液或0.3° Bé的石硫合剂，喷2～3次。③防治大粒横沟象：刨开根茎部土壤，削除为害部位老皮，勾出幼虫，涂抹药泥形成药环，用塑料薄膜包围。④防治天牛等蛀干性害虫。用钢丝在有虫危害的主干、枝丫部位穿虫孔，掏出虫粪，然后塞入熏杀性农药浸蘸的药棉，用黄泥涂抹，或用塑料薄膜包扎
十月	转色期	灌溉	该期需水量很大，降雨不足必须灌水，以保证果实发育和油脂形成，防止果实皱缩
		果实采收	成熟度指数达到4～5时为最佳采收期。早熟品种（如城固32）果实表皮转为紫黑色时及时采收，防止落果
十一月上旬至十二月中旬	果实采收期	适时采收	中晚熟品种成熟度指数达到4～5时采收为宜，此时油品质量与出油率达到平衡点
		水肥管理	采收期灌溉，以防果实皱缩
		扦插育苗	11月上旬硬枝扦插，大棚育苗，秋季建园栽植
		果园管理	①采收果实。②清理果园，剪除枯枝与病虫枝
十二月中旬至四月上旬	休眠期	果园管理	①清除枯枝落叶集中烧毁。②修剪及剪后涂白或涂刷林木长效保护剂，并对叶面喷施等量式波尔多液或3～5° Bé的石硫合剂。③防寒防冻：深翻、培树盘、灌冬水、喷防冻液、摇雪。④修整园地、沟渠、道路，施基肥。⑤检修排灌沟渠等设施。⑥对幼树及不耐寒品种在春节后整形修剪，修剪损伤枝、内膛枝、交叉枝等，徒长枝摘心、短截改造或疏除处理，营养枝修剪等
		水肥管理	深翻、施肥，冬灌。3月上旬萌芽前增施以速效氮为主的肥料和硼肥，并进行春季灌溉和修剪。进行春季栽植建园
		病虫防治	结合修剪，剪去有虫瘿枝条，清除病枯枝，及时集中烧毁；防治大粒横沟象、介壳虫、孔雀斑病等主要病虫害

六、石硫合剂熬制使用方法

石硫合剂是地中海沿岸油橄榄产区橄榄园使用历史悠久的传统农药，是一种广谱杀虫、杀螨、杀菌剂，可防治孔雀斑病、炭疽病、介壳虫、叶螨等多种病虫害。

石硫合剂的主要成分是生石灰、硫黄粉和水，所含的硫和钙是作物所需营养元素，强碱性还能够调节酸性土壤的pH值，是一种无机农药，具有安全、高效、药效长、成本低、对环境无污染等优点，非常适合我国油橄榄种植园广泛推广。

一、熬制方法

石硫合剂配制比例为石灰∶硫黄∶水=1∶2∶10，即熬制一锅石硫合剂需用生石灰1kg、硫黄2kg、水10kg，可得到10多千克石硫合剂。先将2kg硫黄粉用热水调成糊状，然后和10kg水一起倒入锅内，边搅拌边加热，至锅中浆液开始沸腾，再把1～1.5kg生石灰倒入。必须注意的是一定要采用生石灰块（因为粉状石灰已回潮，化学成分变成氢氧化钙和碳酸钙，熬出的成品呈绿色，药效很低），并且生石灰块不要一次倒入，以免药液剧烈沸腾溅到锅外。随着石灰不断加入，石灰、硫黄和水产生剧烈的化学反应，生成多硫化钙，药液也逐渐变成红褐色。再用中火熬10min，边熬边搅拌边加水，以补充蒸发掉的水量。待液表有一层薄冰似的红褐色透明晶体析出，即表明药液已熬制好。也可用棍子蘸点药液滴入冷水中，如果药液能迅速散开即表明已经熬制结束。熬制时间过长反而会影响药液质量，整个过程仅需1h左右，这种新的熬制方法比老方法节省了一半多时间。新方法加入石灰时硫黄浆液温度已达100℃，反应时温度高，缩短了反应时间，反应更充分、更完全，药液浓度比老方法熬制要提高5° Bé以上。新的熬制方法具有省工、省火、省时等诸多优点，并且药液浓度高、产品质量稳定。

用上述方法熬制的原浆冷却后用双层尼龙网滤除渣滓即得石硫合剂原液。石硫合剂的质量以原液浓度的大小来表示，通常用波美比重计（当地植保部门有售）测量。原液浓度大，则波美比重表的度数高。一般自行熬制的石硫合剂浓度多为24～30° Bé。石硫合剂熬好后要用厚塑料桶或木桶盛装，不能用瓦缸或陶器盛装，否则药液易渗出外流。更不能用铁制容器装贮。

二、使用方法

使用前要先用波美比重计测出石硫合剂原液的浓度，可按下面公式计算：

每千克原液加水量（kg）=（原液波美浓度－使用波美浓度）÷使用波美浓度。例如：原液浓度为25° Bé，欲稀释成5° Bé使用，则加水倍数为（25 － 5）÷5=4。即1kg原液应加水4kg。如购不到波美比重计，春季花芽膨大前可将熬制的石硫合剂原液按1 ∶ 5比例兑水，即1份原液兑5份水（约3 ～ 5° Bé）喷雾。

石硫合剂一般在油橄榄采果后至春季花芽膨大前的休眠期喷1 ～ 2次，但40天内不能重复使用，否则易发生药害。滤除的渣滓是很好的涂白剂，可用其在冬季涂刷树干。

七、波尔多液配制使用方法

波尔多液是无机铜素杀菌剂，具有很强的杀菌能力和广谱性、持效性，可有效阻止孢子发芽，防止病菌侵染，并能促使叶色浓绿、生长健壮，提高树体抗病能力，且对人和畜低毒等，是应用历史最长的一种杀菌剂。

俗话说“千液万液不如波尔多液”，药液喷洒叶片表面，对褐斑病、炭疽病、叶枯病等常见侵染性病害有很好的防治效果，是中外油橄榄园中常用的传统农药之一。

一、配制方法

1. 剂型

波尔多液是由硫酸铜、石灰和水配制而成的天蓝色悬胶体，生产上常用的波尔多液比例有：等量式（硫酸铜∶生石灰=1 ∶ 1）、倍量式（1 ∶ 2）、半量式（1 ∶ 0.5）、少量式[1 ∶ （0.25 ～ 0.4）]和多量式[1 ∶ （3 ～ 5）]五种。用水量一般为160 ～ 240倍。波尔多液中硫酸铜越多，石灰越少，杀菌力越强，抵抗雨水冲刷力越弱，残效期越短；反之，杀菌力越弱，抵抗雨水冲刷力越强，残效期越长。质量好的波尔多液应呈悬胶体状态，天蓝色，微碱性，pH7.5左右。

2. 配制步骤

（1）两液法　用一半水溶解硫酸铜、一半水溶解生石灰，然后将二者同时缓慢倒入第三个容器中，边倒边搅拌。

（2）稀铜浓灰法　用大量水溶解硫酸铜、少量水溶解生石灰，再将稀硫酸铜溶液缓缓倒入浓石灰液中，边倒边搅拌。

二、配制时注意事项

1. 选择优质原料

石灰要选用色白、质轻、块状的优质生石灰，若用消（熟）石灰，用量要增加30%；硫酸铜要选用蓝色、有光泽的硫酸铜结晶体，含有红色或绿色杂质的粉末状硫酸铜不能使用。

2. 选择合适容器

配制波尔多液时不能使用铁、铝等金属器皿或搅拌棒，以免发生置换反应，可选用塑料、陶缸、木桶或水泥等非金属器皿和木棍搅拌。

3. 选择正确的配制程序

配制波尔多液时，两液温度不能高于气温；用稀铜浓灰法配制时，严禁将浓石灰液倒入稀硫酸铜溶液中，否则易产生药害。另外，波尔多液要随配随用，不可久置，更不能过夜。无论用哪种方法配制波尔多液，都要将硫酸铜和石灰溶解后的残渣过滤干净，以免发生药害。

三、使用时注意事项

1. 注意随配随用

一般使用浓度为1 ∶ 2 ∶ 200溶液喷雾防治孔雀斑病和炭疽病。当天配的药液宜当天用完，不宜久存，更不得过夜。如当天用不完，可在每100 kg波尔多液中加入1kg白糖，可明显提高其稳定性。要求一次配制，一次使用，不能先配成浓的母液再加水稀释。一次配成的波尔多液是胶悬体，相对比较稳定，若再加水则会形成沉淀或结晶而影响质量，易造成药害。

2. 注意用药时期

波尔多液为保护性杀菌剂，药效期大约为2周，应在油橄榄树发病前喷施，每隔2～3周喷洒1次，连续喷洒2～3次，效果较好。一般在秋季采果后、冬季修剪后至芽膨大前、果实硬核期使用。在果实着色后及采收前20～25天停止施用，以免污染果面，影响橄榄油质量；幼果期不能使用，可用锌铜波尔多液代替，其配比为硫酸锌∶硫酸铜∶石灰∶水为0.5 ∶ 0.5 ∶ 1 ∶

（180～200）；有雾天气、叶片上露水未干时、雨前不能使用，夏季应在晴朗天气且下午5时以后喷施，应避开高温、高湿天气，如在炎热的中午或有露水的早晨喷波尔多液，易引起叶片、果实灼伤。若喷后遇雨，应在雨后加喷一次稀石灰水。雨水多的年份，最好喷三次以上，这样保叶的效果会更好。与杀菌剂、杀虫剂分别使用时必须间隔10～15天。

3．注意合理混用

波尔多液为碱性农药，不能与克螨特、多菌灵、托布津、三氯杀螨醇、代森铵、代森锌、代森锰锌、甲霜灵、杀螟松等绝大多数农药混用；不能与防落素、赤霉素、多效唑、2，4-D、矮壮素、乙烯利等植物生长调节剂混用；不能与硼砂（酸）、磷酸二氢钾等叶面肥同时混用。与上述药剂和肥料交替使用，如间隔期过短，会发生反应而降低药效或完全失效。波尔多液能与0.2%～0.3%尿素混用，但应随配随用；与马拉硫磷、对硫磷、水胺硫磷、杀螟硫磷、敌百虫混用时，也应随混随用。波尔多液不能与石硫合剂同时混用，在喷过石硫合剂15～20天后才能喷波尔多液。

4．注意药害预防

使用时要注意药液浓度，浓度过大容易出现药害。一是由铜离子引起，症状表现为受害叶片自叶尖开始变黑，逐渐干枯，向叶柄方向蔓延到叶片一半，以致出现坏死斑，甚至穿孔；受害果实有锈斑、麻斑。二是由石灰引起的药害，表现为受害叶片生长畸形，变厚而粗糙，果皮出现硬化。如已产生药害，可在药害早期进行叶面喷肥或喷施植物生长调节剂，如喷施0.5%～1%的石灰水溶液，能减缓铜离子释放速度，在一定程度上减轻药害。受害后，每隔10～15天喷施1次0.3%尿素液和0.2%磷酸二氢钾溶液，有助于恢复树势生长，减少药害损失。此外，要立即浇水施肥，中耕松土，为根系创造良好的土壤环境，增强根的吸收能力，并且在秋季增施优质有机肥。波尔多液中的硫酸铜有毒，如误食波尔多液，应大量食用鸡蛋清。

5．注意药械清洗

喷过药的器械要及时洗净，防止腐蚀。

后 记

POSTSCRIPT

油橄榄树在地中海沿岸乱石嶙峋、干旱贫瘠的土地上枝繁叶茂地生长着。在缺水、大风和高温等不利条件胁迫下，她仍能孕育果实；长寿和多产的她娓娓讲述着地中海人民的故事，油橄榄树点燃了东地中海文明的火种。数千年来，油橄榄树是知识、智慧、富庶、和平、健康、力量和美的象征，她带给了人类极其高雅的礼物——品质、健康、文明。

我国油橄榄人已追梦半个多世纪，百折不挠、坚持不懈地种橄榄树、采橄榄果、榨橄榄油、酿橄榄酒、品橄榄茶，用勤劳和汗水为大地披上橄榄绿，用创造和传奇讲述着橄榄树的故事。它是一份历练和传承，并蕴含着坚忍不拔和不可撼动的信念，此笔精神财富根植于种植、收获和榨油的生产活动当中，我们要做的仅仅是继承、坚持、弘扬和升华。

我们引进地中海沿岸的古老物种，立足于北纬33°的河谷沃土，从北亚热带的阳光中富集能量，用智慧探求和平之树的奥秘，用勤劳奉献中国自产橄榄油，用液体黄金为民族健康加油！

邓 煜

2022年1月于中国油橄榄之乡

参考文献

[1] 邓明全，俞宁．油橄榄引种栽培技术［M］．北京:中国农业出版社，2011．

[2] 周瑞宝，姜元荣，周兵，邓煜．油橄榄加工与应用［M］．北京:化学工业出版社，2018．

[3] 邓煜，刘婷，俞宁．世界油橄榄品种图谱［M］．兰州:甘肃科学技术出版社，2018．

[4] 邓煜．油橄榄品种图谱［M］．兰州:甘肃科学技术出版社，2014．

[5] 张正武．陇南油橄榄栽培及加工利用技术［M］．兰州:甘肃科学技术出版社，2019．

[6] 吴国良，段良骅，刘群龙，张鹏飞．图解核桃整形修剪［M］．北京:中国农业出版社，2012．